减污降碳协同增效
政策与实践读本

《减污降碳协同增效政策与实践读本》编委会组织编写

中国环境出版集团·北京

图书在版编目（CIP）数据

减污降碳协同增效政策与实践读本 / 《减污降碳协
同增效政策与实践读本》编委会组织编写. -- 北京 ： 中
国环境出版集团，2024. 12. -- ISBN 978-7-5111-5963-2

Ⅰ. X-012

中国国家版本馆CIP数据核字第2024K4C404号

策划编辑　曹　玮　王　焱
责任编辑　史雯雅
封面设计　彭　杉

出版发行　中国环境出版集团
　　　　　（100062　北京市东城区广渠门内大街 16 号）
　　　　　网　　　址：http：//www.cesp.com.cn
　　　　　电子邮箱：bjgl@cesp.com.cn
　　　　　联系电话：010-67112765（编辑管理部）
　　　　　　　　　　010-67113412（第二分社）
　　　　　发行热线：010-67125803，010-67113405（传真）
印　　刷　玖龙（天津）印刷有限公司
经　　销　各地新华书店
版　　次　2024 年 12 月第 1 版
印　　次　2024 年 12 月第 1 次印刷
开　　本　787×1092　1/16
印　　张　14
字　　数　130 千字
定　　价　98.00 元

中国环境出版集团郑重承诺：
中国环境出版集团合作的印刷单位、材料单位均具有中国环境标志产品认证。

前言

Preface

　　党的十八大以来，以习近平同志为核心的党中央把生态文明建设作为关系中华民族永续发展的根本大计，开展了一系列开创性工作，生态文明建设从理论到实践都发生了历史性、转折性、全局性变化，美丽中国建设迈出重大步伐。但同时，我国发展不平衡、不充分问题依然突出，生态环境保护结构性、根源性、趋势性压力总体上尚未根本缓解，实现美丽中国建设重要目标和碳达峰碳中和战略目标任重道远。当前我国经济社会发展进入加快绿色化、低碳化的高质量发展阶段，生态文明建设仍然处于压力叠加、负重前行的关键期，必须以更高站位、更宽视野、更大力度来谋划和推进新征程生态环境保护工作，谱写新时代生态文明建设新篇章。

与发达国家基本解决环境污染问题后转入强化碳排放控制阶段不同，我国生态文明建设同时面临实现生态环境根本好转和碳达峰碳中和战略目标，生态环境多目标治理要求进一步凸显，以高水平保护支撑高质量发展任务进一步明确，推进减污降碳协同增效成为我国新发展阶段实现经济社会发展全面绿色转型的必然选择。

减污降碳协同增效是习近平总书记亲自谋划、亲自部署的重要工作。习近平总书记多次就推动减污降碳协同增效作出重要指示，强调要把实现减污降碳协同增效作为促进经济社会发展全面绿色转型的总抓手。党的二十大报告指出，统筹产业结构调整、污染治理、生态保护、应对气候变化，协同推进降碳、减污、扩绿、增长，推进生态优先、节约集约、绿色低碳发展。在 2023 年 7 月全国生态环境保护大会上，习近平总书记强调，推动减污降碳协同增效，开展多领域、多层次协同创新试点，提升多污染物与温室气体协同治理水平。

为贯彻落实党中央、国务院有关重要决策部署，2022 年 6 月，生态环境部等七部门联合印发《减污降碳协同增效实施方案》，对我国推动减污降碳协同增效作出顶层设计和全面部署，作为碳达峰碳中和"1+N"政策体系的重要组成部分，方案的出台实施对进一步优化生态环境治理、形成减污降碳协同推进工作格局、助力建设美丽中国和实现碳达峰碳中和具有重要意义。在减污降碳协同区域创新的基础上，2023年 7 月，生态环境部制定《城市和产业园区减污降碳协同创新试点工作方案》，在多领域、多层次积极探索减污降碳协同创新的有效路径和管理模式，稳步推开各地各行业减污降碳协同创新试点工作。

减污降碳协同增效是基于我国基本国情和发展阶段提出的创新型理论方法，目前尚未形成成熟的理论体系及实践方法，国际上也没有太多现成经验可供直接借鉴。为更好地推动减污降碳协同增效工作，进一步深化对减污降碳协同增效的认识理解，凝聚共识，高质量推进相关工作，本书编委会围绕减污降碳协同增效理论和实践组织基础研究，明确相关概念内涵和外延，厘清思路要点，对相关政策要求和实践经验进行系统性的梳理和总结，在此基础上，组织编写了《减污降碳协同增效政策与实践读本》（以下简称《读本》），供开展相关业务工作的政府部门、企事业单位、科研机构、社会组织相关人员使用参考。除前言和附录外，《读本》正文共四篇。第一篇阐释了减污降碳协同增效的理论基础；第二篇梳理了减污降碳协同增效的政策要求与实施机制；第三篇分区域、城市、产业园区、典型行业企业介绍了减污降碳协同增效的实践案例探索；第四篇对未来工作方向进行了展望。

在《读本》编写过程中，我们得到了生态环境部直属单位环境规划院、中国环境科学研究院、环境与经济政策研究中心、对外合作与交流中心、华南环境科学研究所、国家应对气候变化战略研究和国际合作中心的大力支持，在此诚致谢意。减污降碳协同增效仍处于探索成熟过程中，相关理念和工作思路正在发展完善阶段，在工作持续推进中，也将不断形成新的行之有效的政策与有示范作用的实践案例，相关内容也将在后续纳入系列读本中。受编写人员水平所限，《读本》内容如有遗漏或者不妥的地方，请各方专业人士批评指正。

目录
Contents

附　录

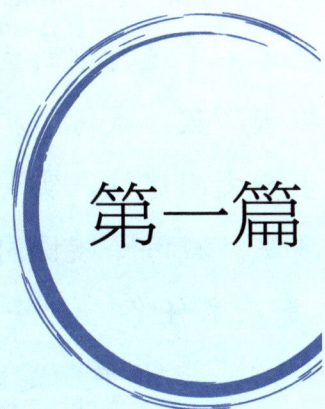

第一篇

基础篇

减污降碳协同增效，基于环境污染物与温室气体排放同根同源的内在特征，协同生态环境保护和应对气候变化，通过对减污与降碳的实施路径、技术措施、政策机制、管理体系等进行创新优化，以较低成本、更高效率协同推进降碳、减污、扩绿、增长，统筹经济社会发展和生态文明建设，实现环境效益、气候效益、经济效益多赢。减污降碳协同增效是一个有机整体，"减污"是基本任务，"降碳"是战略方向，"协同"是路径方法，"增效"是目标指向。

　　推动减污降碳协同增效是新发展阶段我国实现碳达峰碳中和目标愿景、深入打好污染防治攻坚战、建设美丽中国的内在要求，具有很强的政治性、思想性、战略性、前瞻性、指导性。在新征程继续推进生态文明建设，需要处理好高质量发展和高水平保护的关系，要正确认识和把握减污与降碳、协同与增效、保护与发展辩证统一的内在联系，统筹推进减污降碳协同治理，增强生态环境政策与经济政策的协同性，更好发挥生态环境保护在支撑经济社会高质量发展中的重要作用。

第一章

减污降碳协同增效背景和意义

　　减污降碳协同增效的提出源于国内外生态环境保护和绿色可持续发展认识与实践。工业革命以来，西方发达国家经历了先污染、后治理，控制碳排放、逐步实现碳达峰，推进碳中和的历史过程，我国基于不同的国情和发展阶段，自觉地把减污和降碳协同作为实现后发优势的重大机遇、推动绿色低碳转型的重要抓手进行部署安排。减污和降碳两者相互联系、相互作用，具有协同增效的内在逻辑和广阔空间。面对生态文明建设新形势、新任务、新要求，习近平总书记多次就推动减污降碳协同增效作出重要指示，强调要把实现减污降碳协同增效作为促进经济社会发展全面绿色转型的总抓手，坚持降碳、减污、扩绿、增长协同推进。推动减污降碳协同增效是我国发展阶段使然，是促进经济社会发展全面绿色转型的必然选择，在"十四五"时期乃至今后很长一段时间内，将在促进结构调整和绿色转型、协同推进高水平保护和高质量发展中发挥重要作用。

一、发达国家环境污染治理和应对气候变化经验提供有益参考借鉴

从发达国家发展历程看，工业革命以来，欧美地区发达国家和日本等在各自的发展过程中，均经历了先造成严重环境污染，后开展长时间的环境治理，再认识全球气候变化问题，着手控制二氧化碳（CO_2）等温室气体排放，直到形成碳达峰碳中和理念目标，并逐步付诸实施的历史过程。在应对气候变化过程中逐渐认识到减污与降碳二者具有协同效应。

工业革命以来，西方资本主义国家在经历经济高速增长的同时，大多走过了先污染后治理、以牺牲环境换取经济增长的发展道路，造成了前所未有的高资源能源消耗、高污染排放以及人为因素导致的全球气候变化。西方发达国家大多自20世纪60年代起开展大规模的常规污染物治理运动，再从90年代后进入气候治理阶段。欧洲工业化国家和地区在20世纪70年代实现了二氧化碳排放达峰，实际上当时并没有专门针对碳排放控制的认识和相关政策，污染物减排治理特别是同时期煤炭转向油

气的能源消费结构调整发挥了显著作用。应该说，发达
国家大多是自发性地经历了从减污为主向降碳为主转变
的环境与气候治理过程。

在发达国家保护环境和应对气候变化的长期实践基础
上，国际社会逐步认识到了将减污与降碳协同起来的政策
措施，既可以有效降低治理成本，又可以提升治理效果。
联合国政府间气候变化专门委员会（IPCC）在多次评估气
候变化环境和经济社会影响、应对气候变化政策措施基础
上，从西方发达国家污染物减排和减缓气候变化的大量实
践案例中进行了长时空、多维度分析研究，在其第六次评
估报告中明确指出，减少大气污染与减缓气候变化的综合
政策与单独的那些政策相比，可以提供大幅削减成本的潜
力。发达国家治理经验为后发国家推动减污降碳协同增效
提供了有益参考借鉴。

二、我国基于基本国情和发展阶段形成减污降碳协同增效理念与实践

1973年8月，国务院召开第一次全国环境保护会议，正
式开启我国环境污染治理进程。20世纪90年代以来，我国
持续开展大规模污染治理行动，强化水、大气污染物达标
排放，减少污染物排放总量。进入21世纪，我国能源、钢
铁、化工等重化工业比重不断提高，资源能源消耗快速增

长，主要污染物排放总量大幅增加，在反复实践中逐渐认识到既要减污又要控碳，更加自觉地把减污和降碳协同作为实现后发优势的重大机遇、推动绿色低碳转型的重要抓手，进行了明确的、主动的部署安排。为遏制高耗能、高排放行业过快增长，"十一五"规划第一次把节能减排列为约束性目标。2007年国家出台《节能减排综合性工作方案》，节能与减排协同发力正式启动。从某种意义上可以说，节能减排就是减污降碳协同增效的雏形，甚至初级版。节能减排的内涵要求、形势任务与当前减污降碳协同增效相比具有较大差距，与节能减排相比，无论在实践内容、认识深度，还是在取得成效方面，减污降碳协同增效更加全面、系统、科学、深入。

党的十八大以来，我国把绿色低碳转型作为解决环境与气候问题的治本之策，积极主动协同推进减污降碳。2020年9月22日，习近平主席在第75届联合国大会一般性辩论上宣布中国二氧化碳排放力争于2030年前达到峰值，努力争取2060年前实现碳中和。这一重大宣示有力地推动了碳达峰碳中和目标愿景的加速成形，也成为减污降碳协同增效政策设计出台的重要推动力。

党中央、国务院一系列重要会议对减污降碳协同增效提出明确要求。2020年12月，习近平总书记在中央经济工作会议上发表重要讲话，将"碳达峰碳中和"列入重点任务，并首次正式提出"要继续打好污染防治攻坚战，实现减污降碳协同效应"。2021年3月，中央财经委第九次会议强调将"实施重点行业领域减污降碳行动"作为重点工作之一。2021年4月，中共中央政治局第二十九次集体学习时，习近平总书记指出，"十四五"时期，我国生态文明建设进入了以降碳为重点战略方向、推动减污降碳协同增效、促进经济社会发展全面绿色转型、实现生态环境质量改善由量变到质变的关键时期；要把实现减污降碳协同增效作为促进经济社会发展全面绿色转型的总抓手，加快推动产业结构、能源结构、交通运输结构、用地结构调整。

2021年12月，中央经济工作会议提出要加快形成减污降碳的激励约束机制。2022年1月，习近平总书记在中共中央政治局第三十六次集体学习时强调，要把"双碳"工作纳入生态文明建设整体布局和经济社会发展全局，坚持降碳、减污、扩绿、增长协同推进。2022年12月，中央经济工作会议强调，要推动经济社会发展绿色转型，协同推进降碳、减污、扩绿、增长，建设美丽中国。

党的二十大报告指出，要统筹产业结构调整、污染治理、生态保护、应对气候变化，协同推进降碳、减污、扩绿、增长。2023年7月，习近平总书记在全国生态环境保护大会上强调，要强化目标协同、多污染物控制协同、部门协同、区域协同、政策协同，不断增强各项工作的系统性、整体性、协同性；推动减污降碳协同增效，开展多领域、多层次协同创新试点，提升多污染物与温室气体协同治理水平。

三、减污降碳协同增效对推进中国式现代化建设具有重大意义

中国式现代化是人与自然和谐共生的现代化。协同推进降碳、减污、扩绿、增长是促进人与自然和谐共生的现代化的重要路径之一。推动减污降碳协同增效强调以生态环境高水平保护推动经济高质量发展，旨在走出一条集经济发展、资源节约和生态环境保护于一体的绿色发展之路，是新时代全面推进中国式现代化的重要条件和现实要求。

减污降碳协同增效是促进经济社会发展全面绿色转型的总抓手。现阶段，我国发展不平衡、不充分问题依然突出，生态环境保护结构性、根源性、趋势性压力总体上尚未根本缓解，产业结构、能源结构、交通运输结构以及生活方式等绿色转型任务依然很重。从产业结构来看，我国生产和消耗了世界一半以上的钢铁、水泥、电解铝等原材料，并且资源能源利用效率偏低；从能源结构来看，煤炭消费仍占能源消费总量的半数以上；从交通运输结构来看，公路货运量占比高达73%，中重型柴油货车保有量较高。推动减污降碳协同增效，就是要立足实际，遵循减污降碳内在规律，倒逼能源结构、产业结构、交通运输结

构、用地结构转型升级，全面提升能源资源利用效率和社会管理效率，在促进生产和生活方式绿色化、低碳化，培育壮大绿色低碳产业的同时，也有利于推动形成新的经贸合作增长点，促进以绿色化为重要特征的新质生产力蓬勃发展。

减污降碳协同增效是实现美丽中国建设和"双碳"目标的必然选择。在美丽中国建设迈出重大步伐、绿色低碳发展取得显著进展的同时，我们要看到，我国生态环境保护任务依然艰巨，超过1/3的城市环境空气质量仍不达标，细颗粒物（PM$_{2.5}$）浓度是欧美地区的2~4倍。与此同时，我国人均二氧化碳排放量仍处在增长阶段，人均国内生产总值（GDP）还不到2万美元，在中高速发展阶段寻求降碳的难度较大。此外，发达国家从碳达峰到碳中和一般要用40年以上甚至70年的时间，而中国只有约30年时间，面临巨大挑战。力争2030年前实现二氧化碳排放达峰、2035年基本实现美丽中国建设目标时间紧、任务重。这也决定了在这个阶段，中国既要减污，实现生态环境质量根本好转；又要降碳，为实现碳达峰碳中和目标打好坚实基础。推动减污降碳协同增效，有助于强化政策统筹，同向发力、形成合力，以最低成本、最高效率推动碳排放达峰后稳中有降、生态环境根本好转，实现美丽中国建设目标。

减污降碳协同增效是提高生态环境治理现代化水平的重要举措。新时期我国生态环境保护从单目标转向实施污染物和温室气体减排、生态建设等多目标协同，思路上必须从末端治理转变为强调源头治理，管理方式上必须从环境与气候分别治理转变为生态环境保护与应对气候变化实现协同增效的有机融合，管理要素上更强调广泛的协同增效，突出大气、水、固体废物、土壤等环境要素以及生态建设与温室气体减排的协同。推动减污降碳协同增效，有利于科学把握污染治理、生态保护、应对气候变化工作的整体性，做好战略规划等顶层设计方面的谋篇布局，加大技术、政策、管理等方面协同创新力度，推进减污降碳一体谋划、一体部署、一体推进、一体考核，提高生态环境治理综合效能。同时，减污降碳协同增效还有助于增强生态环境政策与国家经济政策之间的协同性，更好地发挥生态环境保护在宏观经济治理体系中的作用，促进环境、气候、经济效益共进共赢。

减污降碳协同增效是引领全球环境与气候治理的重要领域。我国在推动自身经济社会发展、实现绿色转型的同时，提出了减污降碳协同增效理念，并坚持在共建"一带一路"倡议、全球发展倡议等方案推动下，不断以行动引领各国凝聚共识，展现了推进全球环境与气候治理的大国担当。首先，其他国家特别是其他发展中国家，发展过程中也同样面临生态环境保护和应对气候变化难题，而我国围绕减污降碳协同增效开展的政策、技术等创新实践，能够帮助其开拓协同应对环境与气候问题的新思路。其次，随着不同环境公约之间关联度不断增强、交叉议题逐渐增多，中国提出减污降碳协同增效理念，有力地推动了《联合国气候变化框架公约》进程，并促进与《生物多样性公约》《蒙特利尔议定书》《保护臭氧层维也纳公约》等其他国际环境公约间的协同互洽。此外，凭借绿色低碳产品和技术经验，中国企业在全球多国协助开发可再生能源、电池制造等项目，惠及当地民众。在政策支持和技术创新推动下，我国围绕减污降碳协同增效还将收获更多、更高水平的创新成果，对探索推进绿色低碳转型的国家，尤其是发展中国家，发挥了很好的引领示范作用。

第二章

减污降碳协同增效的内涵特征

　　减污降碳协同增效具有坚实的科学基础和丰富的理论内涵，环境污染物与温室气体排放具有高度同根、同源、同过程和排放时空一致性特征，是实现减污降碳协同增效的重要理论和实践基础。减污和降碳两者相互联系、相互作用，协同增效具有内在逻辑和广阔空间。协同减污降碳既体现在治理对象、治理措施以及相关减排政策与行动的统筹上，也体现在工作机制、工作目标、工作效果的协同上。必须立足实际，遵循减污降碳内在规律，强化源头治理、系统治理、综合治理，切实发挥好降碳行动对生态环境质量改善的源头牵引作用，充分利用现有生态环境制度体系协同促进低碳发展、创新政策措施、优化治理路线。

一、基本内涵

减污降碳协同增效，是以环境污染物与温室气体排放同根同源的内在特征为理论基础，锚定美丽中国建设和实现"双碳"目标，统筹大气、水、土壤、固体废物及温室气体多要素减排要求，强化目标、领域、任务、区域、政策、监管多维协同，对减污与降碳的实施路径、技术措施、政策机制、管理体系等进行创新优化，以较低成本、更高效率协同推进降碳、减污、扩绿、增长，以碳达峰碳中和行动进一步深化生态环境治理，以生态环境治理助推绿色低碳发展，提升环境治理综合效能，实现环境、气候、经济等效益多赢。

减污与降碳具有典型的内在统一性特征，减污可以提高生态系统的质量和稳定性，降碳可以从源头上减少污染物和推动产业结构调整，两者之间具有很好的协同效应。协同推进减污降碳，实现二者"同频共振"，有利于更加高效地改变传统、低效、高碳的生产模式和消费模式，形成管理新模式和发展新业态，激发经济增长绿色动能。减污降碳协同增效内涵包括"降碳低污化，减污低碳化，协同增效益，扩绿增容量"，是高水平保护和高质量发展辩证统一关系的重要载体。

减污降碳协同增效涵盖实现降碳、减污、扩绿、增长多目标控制的理论、制度和方法体系，也是绿色发展理念的重要实践形式。"减污"与"降碳"是体现绿色特征的两个基本维度，"协同增效"是推动经济发展的具体路径，减污降碳协同增效是高水平保护和高质量发展辩证统一关系的重要载体。减污降碳协同增效作为充分体现全局性、系统性、综合性、应用性的科学原理方法，可以从生态环境与气候、经济、社会、国际等维度认识和理解减污降碳协同增效的内涵（图2-1）。

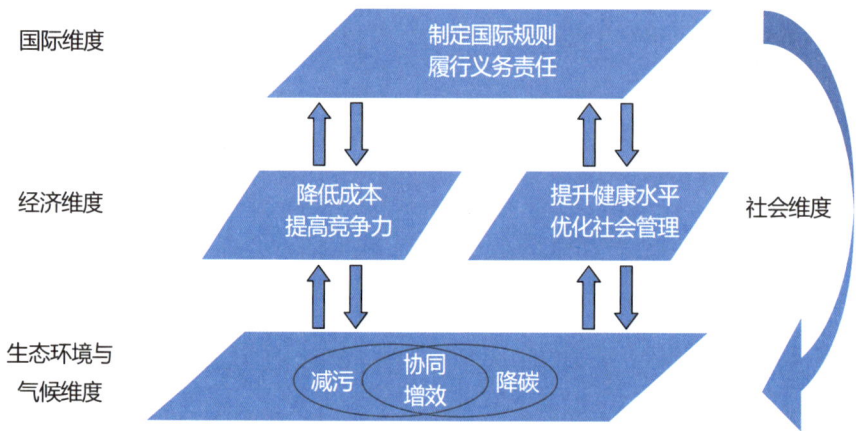

图 2-1　减污降碳协同增效的内涵

从生态环境与气候维度理解减污降碳协同增效。实现减污降碳协同增效，要在温室气体排放控制过程中减少污染物排放，达到在控制污染物排放过程中同时减少/吸收二氧化碳及其他温室气体排放的状态或效果，在减污与降碳中产生经济效益和社会效益。要锁定污染物和温室气体排放交叉重叠的重点领域、重点行业和关键环节，科学把握环境污染防治和温室气体减排的整体性，通过源头减排、污染防治、结构降碳和技术降碳等系统性方式，同时降低污染物和温室气体的排放总量。

从经济维度理解减污降碳协同增效。主要包括四个层面：一是无论是减污对降碳产生的协同效益还是降碳对减污产生的协同效益，都属于附加效益，不造成或少造成额外成本支出，并且降低了多方主体利益冲突导致的执行成本损耗；二是减污降碳协同增效的技术和产品属于国家政策鼓励的绿色低碳产业，对于欧美市场具有明显国际竞争力，通过发展环境产品和服务贸易，可以直接产生经济效益；三是实现减污降碳都要求能源、产业、交通运输等结构优化和调整，有助于进一步有效扩大内需，同时促进经济社会绿色转型发展；四是减污降碳协同增效业务范畴催生新的相关产业，相关咨询服务领域增加市场需求。

从社会维度理解减污降碳协同增效。从人体健康的角度看，降低污染物排放可以减少患者人数、减少病假天数、减少急性或者慢性呼吸道疾病发生、增加预期寿命。从应对气候变化的角度看，减少温室气体排放有利于减少极端天气、保护生态系统，降低适应气候变化成本支出和风险挑战。特别是污染物与温室气体排放主要集中在经济发达、人口稠密的区域。从社会安全的角度看，推动减污降碳协同增效，在实现生态环境质量改善和温室气体减排的同时，可有效降低社会支付和管理成本，促进能源安全和生产安全，提升社会公平和全民福祉。

从国际维度理解减污降碳协同增效。推动减污降碳协同增效是构建人类命运共同体的重要一环，我国在减污降碳协同增效方面取得的成就也是对全球解决环境危机作出的贡献。一方面，我国协同减排的污染物和温室气体将直接减少全球的排放量，对我国相关国际履约产生积极效果，有助于打造中国样板。另一方面，我国积累的减污降碳协同增效经验可以为其他国家提供借鉴，特别是通过在减污降碳技术研发、绿色基础设施建设、气候投融资等领域开展国际合作交流，帮助其他国家协同推动绿色低碳转型，进而对全球减少污染物和温室气体排放产生贡献。

减污降碳协同增效的生态环境与气候、经济、社会、国际等维度不是彼此分离的，而是相互关联和递进的关系。生态环境和气候维度的减污降碳协同增效是基础也是目标，在实现生态环境和气候协同效益的同时产生经济和社会维度上的协同，即实现促进经济社会高质量发展的更高目标要求。在此基础上，还有助于在国际维度上彰显我国双/多边环境合作与国际公约履约工作的成效，国际维度上的合作和博弈反过来又会在很大程度上影响或促进国内减污降碳和绿色发展的步伐节奏。

二、作用机理

习近平总书记指出，生态环境治理是一项系统工程。减污降碳协同增效是系统观念的具体体现。这要求我们以准确认识和把握减污与降碳的内在联系为出发点，科学把握污染防治和气候治理工作的系统性、整体性，以结构调整、布局优化为关键，以优化治理路径为重点，全面提升环境治理综合效能，强化对经济发展的支撑作用。

（一）环境污染物与温室气体排放具有同根同源内在特征

环境污染物与温室气体排放具有高度同根、同源、同过程特征。化石能源消费、工业生产、交通运输、居民生活等均是环境污染物与温室气体排放的主要来源。煤、石油、天然气等化石燃料的燃烧不但产生颗粒物、二氧化硫、氮氧化物等大气污染物，以及炉渣等固体废物甚至危险废物，同时也会排放二氧化碳、甲烷、氧化亚氮以及工业生产过程产生的含氟气体等温室气体。工业生产过程也是二氧化碳重要排放途径，如水泥生产过程中的碳酸盐分解、钢铁生产过程中的氧化还原反应等环节排放二氧化碳，水泥、钢铁生产过程中的废气和颗粒物等污染物与二氧化碳排放具有明显加和效应。从当前实际情况看，我国生产和消耗了世界上一半以上的钢铁、水泥、电解铝等原材料，且资源能源利用效率偏低。煤炭消费仍占能源消费总量的半数以上，2022年我国煤炭消费量占能源消费总量的56.2%。

产生减污和降碳协同效应主要体现在控制化石能源消费和工艺过程排放等方面。针对污染物和温室气体排放交叉重叠的重点行业领域和关键环节，科学把握环境污染防治和温室气体减排的整体性，通过源头减排、污染防治、结构降碳和技术降碳等系统性方式，可同时降低污染物和温室气体的排放总量，实现减污降碳协同增效。然而，随着污染治理进程的持续深入，末端治理的减排潜力日渐收窄，且不同行业领域的能源消费结构、利用方式、生产工艺、减排技术路径等存在差别，使边际减排成本或减排效益均有差异，再加上污染物和温室气体减排的管理主体不同，管理模式也不尽相同。

针对钢铁、电力等重点行业，能源结构转型和靶向治理策略将成为充分释放行业协同减排潜力的关键举措。加快终端用能电气化进程，实施提前淘汰高污染机组、加严污染控制水平等靶向治理策略，是实现碳污协同减排的重要途径。以钢铁行业为例，在绿电系统中广泛部署电炉短流程炼钢工艺，能够显著提升钢铁行业能效。电力行业要承担其他行业电气化带来的转移，打造清洁、低碳、安全、高效的电力系统也成为充分释放各行业碳减排协同潜力的必由之路。

（二）环境污染物与温室气体排放具有高度的空间一致性

环境污染物与温室气体排放具有高度类似的空间聚集特征，污染水平与碳排放在空间分布上具有高度一致性。从空间分布看，大气污染物和温室气体的排放热点主要分布在经济发达、人口稠密、能源消费量大的重点区域或城市群。全国碳排放卫星遥感监测数据显示，人为源二氧化碳排放量空间分布差异明显，我国中东部是重要碳源区域，包括京津冀南部、山东西部、河南中北部和长三角等地，主要污染物排放和环境治理设施也集中分布在上述经济发达地区。全国二氧化氮（NO_2）浓度卫星监测数据也显示类似的空间分布趋势，浓度高值地区与人口和经济活动稠密地区高度重合。

空间分析结果表明，全国碳排放量排名前5%的网格，合计贡献了全国二氧化碳排放总量的68%，同时贡献了氮氧化物排放总量的60%、一次$PM_{2.5}$排放总量的46%和挥发性有机物排放总量的57%，大气污染严重区域与二氧化碳排放重点区域高度重叠。

因此，要因地制宜制定减污降碳协同路径，在充分考虑碳排放气候影响均质性和污染排放空间异质性特征的基础上，强化生态环境分区管控，增强区域环境质量改善目标对能源和产业布局的引导作用，要求污染严重地区加大结构调整和布局优化力度，加快推动重点区域、重点流域落后和过剩产能退出；研究建立以区域环境质量改善和碳达峰目标为导向的产业准入及退出清单制度；通过加强空间协同调控，在落实全国降碳任务的同时，有效提升区域减排效益和环境改善效果。

（三）环境与气候治理政策措施体现出显著协同效应

以重化工为主的产业结构、以煤为主的能源结构和以公路货运为主的交通运输结构，是造成我国环境污染和温室气体排放的最根本原因（图 2-2）。减污和降碳具有一致的控制对象和管控区域，两项工作在很大程度上可以协同推进。在我国当前发展阶段，通过优化能源结构、产业结构、交通运输结构，将从源头降低能源和原材料消耗，实现污染物和温室气体协同减排；通过生产技术和治理技术的创新升级，可以实现协同减排和降本增效。考虑到不同部门、行业碳排放对气候的影响具有一致性，而大气污染具有区域性，从协同增效的角度出发，应关注大气污染防治重点区域，将减污降碳边际效益较大的部门和行业作为协同控制重点。

生态环境质量整体仍处于较低水平

"双碳"目标时间紧、任务重、结构性问题突出

产业结构 重化工为主

能源结构 煤为主

交通运输结构 公路货运为主

源头牵引

减污降碳协同增效

优化路线

实现 → 碳达峰碳中和目标

实现 → 美丽中国建设目标

源头防控

布局调整

治理优化

机制创新

能力建设

时间维度
美丽中国建设目标与碳达峰碳中和目标愿景的有机统一

空间维度
重点关注碳排放量大及环境污染严重区域

行业维度
突出工业、交通、农业、生态建设等领域的协同治理，采取能够有效协同降低污染物排放和碳排放的任务措施

政策维度
统筹融合污染治理与碳减排政策体系和治理机制，实现污染物与碳排放核查协同管理，一体监管执法

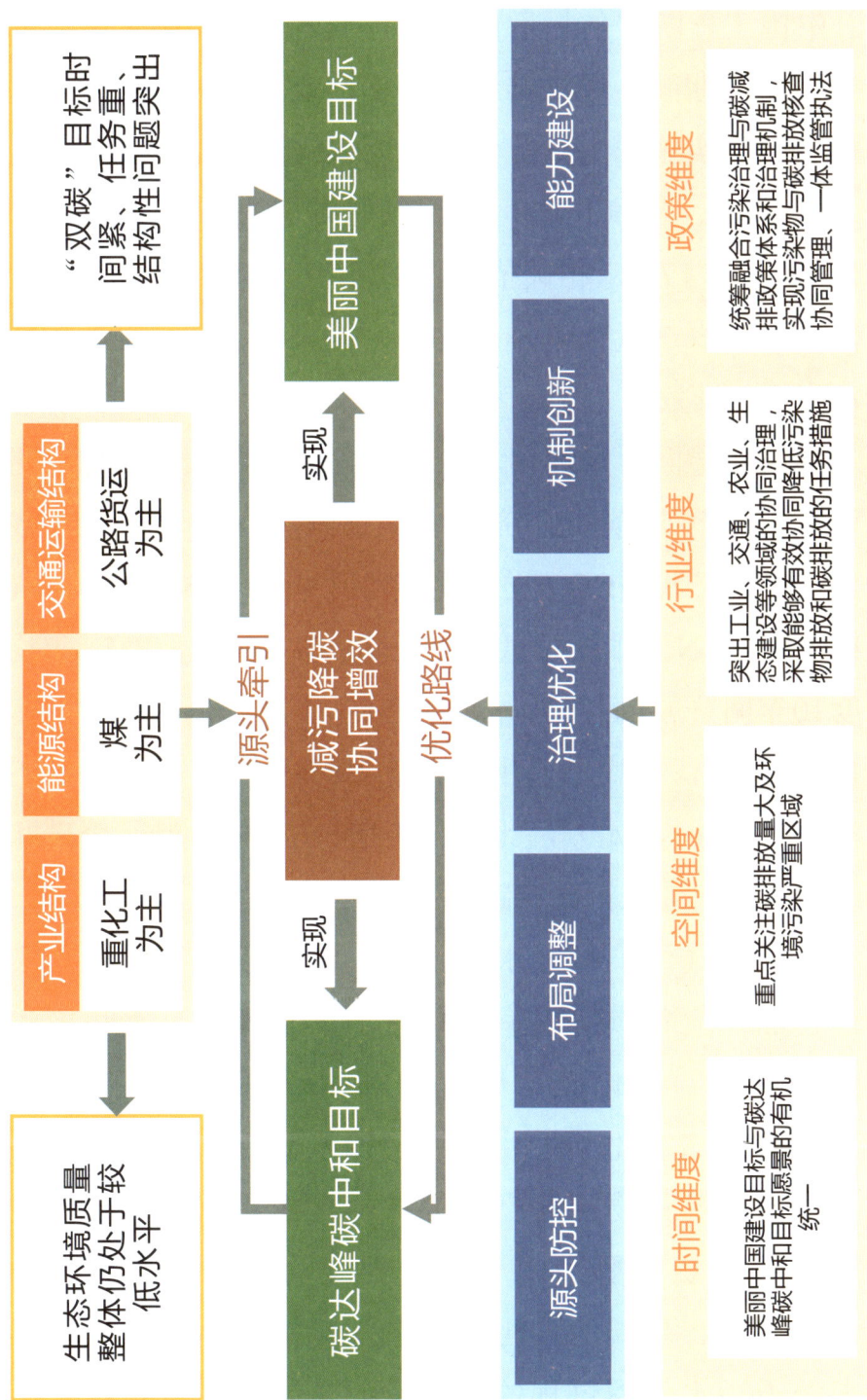

图 2-2　减污降碳协同增效的作用机理

中国工程院评估显示，在《打赢蓝天保卫战三年行动计划》实施期间，通过推进能源、产业、交通、用地四大结构调整，实施非电行业治理、燃煤锅炉整治等措施，全国二氧化硫、氮氧化物、一次细颗粒物排放量分别下降32%、10%、17%，相关措施同时减少二氧化碳排放5.1亿吨，协同减少二氧化碳排放取得显著成效，其中工业领域治理协同减排效果尤其显著。

从宏观层面看，2013年以来，我国大力推进生态文明建设，在减污降碳和经济发展多个维度同时取得显著成就。2022年，我国CO_2排放强度较2013年下降34.4%；大气污染物SO_2、NO_x排放总量分别下降85%、60%，$PM_{2.5}$年均浓度10年间降幅高达57%；同期国内生产总值（GDP）达到121万亿元，人均国内生产总值为85698元（按年平均汇率折算为12741美元），比2013年增长68.9%。减污降碳和经济增长协同效应得到实践验证。

除了大气污染物，水、土壤、固体废物等领域污染治理也和二氧化碳等温室气体排放密切相关。水环境治理过程涉及二氧化碳、甲烷和氧化亚氮等温室气体排放。其中，二氧化碳主要来源于输水和污水治理设施的能耗，而水污染物降解产生的二氧化碳则认定为生源性碳排放；甲烷主要来源于污水处理厌氧环节，包括管网、厌氧池、化粪池、污泥厌氧消化池等；氧化亚氮主要来源于污水处理过程的硝化反硝化阶段。这意味着温室气体排放贯穿于水环境治理的多个环节，可以通过技改、精细化运营等降低污水处理过程能耗，通过生物质能回收、碳源替代减少直接和间接温室气体排放，通过湿地水生态修复、污泥利用等方式增加生物固碳量，实现水环境领域的减污降碳协同增效。

在土壤和农业农村方面，建设用地土壤污染治理以及农化品生产和农业机械操作等过程，因水、电等资源能源消耗产生二氧化碳等温室气体，并且高水肥投入、轮作和秸秆还田等管理措施还关系到农田的固碳效应。此外，畜禽养殖、水产养殖等过程产生废水、恶臭及废渣，并且涉及甲烷、二氧化碳等温室气体排放，其中，家畜消化过程产生的甲烷已经成为温室气体排放的主要来源之一。

固体废物治理"一头连着减污，一头连着降碳"。固体废物既是污染物，也是"资源"。固体废物具有量大面广、种类繁多、性质复杂和危害程度深等特点，是大气、水、土壤的重要污染来源。在填埋、焚烧、堆肥和转化为沼气等固体废物处理处置过程中会产生二氧化碳、甲烷、氧化亚氮等温室气体。从协同治理的角度来看，在固体废物产生环节，通过生产工艺技术升级、循环产业链条构建，从源头减少固体废物产生；在固体废物利用环节，通过资源、能源回收利用，减少原生原料和燃料开采、运输、加工过程的污染排放和能源消耗；在固体废物处置环节，通过调整优化处置工艺，降低处置过程的能源消耗，以较低的代价实现固体废物消纳并降低温室气体排放。

在生态方面，生态系统给人类提供各种效益，包括供给功能、调节功能、文化功能以及支持功能。其中，调节功能主要是污染物自然降解和固碳功能。通过保育保护具有显著固碳功能的森林、草地、湿地等自然生态空间，将巩固提升碳汇储量，同时增加生态环境的污染物容纳与降解能力。

多年来，在持续打好污染防治攻坚战过程中，我国在减污方面已建立了较为完善的制度和政策体系，应在现有减污政策体系中强化统筹气候变化应对相关工作要求，以减污制度体系作为实现降碳目标落地的重要载体，同时作为构建减污降碳协同政策体系的基础。通过构建减污降碳协同增效政策体系，大力推动产业结构、能源结构、交通运输结构转型升级，同时充分利用生态环境政策管理基础和优势，推动传统环境管理的前端准入—过程管理—末端管控政策与降碳政策的整合，逐步发挥以准入与考核等为导向的减污降碳协同治理行政管制手段效能，持续完善以碳市场为主体的经济激励政策，健全全社会广泛参与的减污降碳社会治理政策体系。

在政策协同上，应强化顶层设计，以全局性、系统化的视角统筹谋划，建立减污降碳协同政策体系，加强减污和降碳工作在法规标准、管理制度、市场机制等方面的统筹融合；应推动将协同控制温室气体排放纳入生态环境相关法律法规，制修订相关排放标准、监测技术指南；要坚持政府和市场两手发力，研究探索统筹排污许可和碳排放管理；要强化经济政策的保障作用，积极推进气候投融资试点，推动实施有利于企业绿色低碳发展的价格、财税、金融政策，引导经济绿色低碳转型。

三、重要特征

减污降碳协同增效是一项创新性工作。我国推进减污降碳协同增效与西方发达国家存在明显差异。欧洲工业化国家和地区碳达峰都在20世纪70年代，当时并没有专门针对碳排放控制的相关政策，环境污染物治理及同时期的煤炭转向油气的能源消费结构调整起到了关键作用。不同于工业化国家和地区在20世纪60年代以来先经历区域常规污染物治理，再从90年代后进入全球气候治理的进程，广大发展中国家的两个治理过程往往是并行的，碳污共治时间往往长达数十年。大部分发达国家和地区在全球气候变化进入政治议程时基本已经完成了工业化、城镇化的过程，而发展中国家往往仍处在现代化发展的关键初期阶段，所呈现的排放结构特征也因全球分工不同而与欧美发达国家和地区迥异。因此，我国现阶段积极推动减污降碳协同增效，实现多目标统筹与政策资源共享，既是基本国情下的必然选择，也是长期战略下的优化选项。这项工作没有现成的先例可循，需要在实践中不断探索创新。

减污和降碳在一些领域可能存在一定矛盾。由于不同部门和企业的能源结构、能源消费方式、生产工艺、污染控制技术路径等存在明显差别，有部分减排措施在实现单一污染物减排目标的同时可能伴随与温室气体之间"此消彼长"的效果。通俗地说，就是单纯的减污或者降碳过程可能带来能源消耗增加或者污染物排放增加，造成减污不降碳或降碳不减污现象。脱硫、脱硝、除尘等大气污染物末端治理措施提高能源消耗，垃圾焚烧过程也会产生温室气体。部分二氧化碳减排或捕集措施也可能会带来新的污染物和温室气体排放。生产光伏组件的过程产生污染物和二氧化碳排放；电动汽车如果使用的是火电，在发电过程中会排放大气污染物和温室气体。"双碳"行动催生的以风电、光伏发电为代表的大规模新能源基地建设和动力电池大规模使用，将对生态系统、资源消耗、固体废物处理等领域带来新的压力。推动减污降碳协同增效，不仅强调要在战略上统筹谋划，也要在战术上一体化推进，采取更优化、更精准、更节约的减排策略。如果不统筹考虑减污与降碳，简单"头痛医头、脚痛医脚"，不同管控措施之间很可能会存在相互矛盾的风险，增加总体治理成本。

减污降碳协同性在不同阶段表现出不同特点。要科学研判不同时期减污与降碳的主要驱动力，系统谋划协同减排路径。在实现碳达峰之前，应当坚持以美丽中国建设目标和碳达峰目标为双牵引，两个目标协同推进、互相支撑，这一阶段，重点强化源头替代等大气污染治理措施，减污目标推动获得额外的降碳收益，实现碳污协同减排。碳达峰后至2060年实现碳中和目标阶段，随着末端治理技术减排的潜力逐步收窄，根本性结构调整等降碳措施将成为协同减排的核心牵引，降碳措施将主导促进深层次减污进程。

第三章

减污降碳协同增效的目标思路

　　为贯彻落实党中央、国务院关于协同推进减污降碳的部署要求，我国就推动减污降碳协同增效工作进行系统谋划，明确了目标任务和实施机制，为如何以减污降碳为引领推动经济社会发展全面绿色转型、强化多污染物与温室气体协同控制、实现区域协同治理等提供了方向和行动指引。一是注重污染防治攻坚战与碳达峰碳中和要求有效衔接，统筹部署生态环境保护各领域工作。二是坚持问题导向，突出区域差异化治理，以环境质量改善为导向，引领空间布局优化和降碳协同增效。三是坚持政府和市场两手发力，深入推进生态文明体制改革，着重增强系统性、协同性，促进减污和降碳工作在战略、规划、政策和行动体系方面的统筹融合，切实推进减污降碳协同增效落地实施。

　　减污降碳协同增效的提出，标志着我国生态环境治理从强调单要素治理向多要素、全空间、全过程协同治理转变，体现了认识和思维方式上的变革。在协同范围上，从关注单一要素控制扩展到大气、水、土壤、固体废物等多环境要素以及二氧化碳、甲烷、含氟气体等多种温室气体，推动能源、环境、气候领域大协同；在协同方式上，突出强调产生协同效应，尽可能实现提质增效，提升协同效果；在协同路径上，更多重视能源清洁高效利用、优化产业和交通运输结构、践行绿色低碳消费方式等源头治理举措。

一、明确总体要求

　　以习近平新时代中国特色社会主义思想为指导，全面贯彻党的二十大和党的二十届历次全会精神，按照党中央、国务院决策部署，深入贯彻习近平生态文明思想，坚持稳中求进工作总基调，立足新发展阶段，完整、准确、全面贯彻新发展理念，构建新发展格局，推动高质量发展，把实现减污降碳协同增效作为促进经济社会发展全面绿色转型的总抓手，锚定美丽中国建设和碳达峰碳中和目标，科学把握污染防治和气候治理的整体性，以结构调整、布局优化为关键，以优化治理路径为重点，以政策协同、机制创新为手段，完善法规标准，强化科技支撑，全面提高环境治理综合效能，实现环境效益、气候效益、经济效益多赢。

国家层面提出突出协同增效、强化源头防控、优化技术路径、注重机制创新、鼓励先行先试等工作原则，强调将减污和降碳的目标有机衔接，增强生态环境政策与能源产业政策协同性，以碳达峰行动进一步深化环境治理，以环境治理助推高质量达峰（图 3-1）。聚焦"十四五"和"十五五"两个关键期，分阶段提出主要目标，其中，明确提出到 2025 年减污降碳协同度有效提升的目标要求。

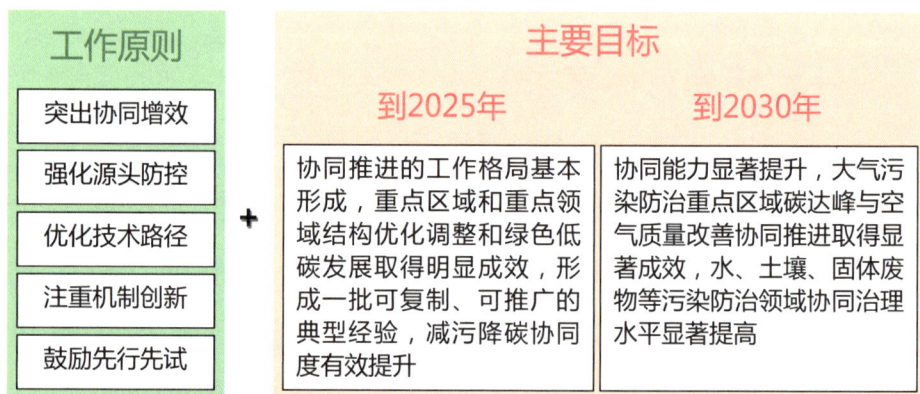

工作原则	主要目标	
突出协同增效	**到2025年**	**到2030年**
强化源头防控	协同推进的工作格局基本形成，重点区域和重点领域结构优化调整和绿色低碳发展取得明显成效，形成一批可复制、可推广的典型经验，减污降碳协同度有效提升	协同能力显著提升，大气污染防治重点区域碳达峰与空气质量改善协同推进取得显著成效，水、土壤、固体废物等污染防治领域协同治理水平显著提高
优化技术路径		
注重机制创新		
鼓励先行先试		

图 3-1 减污降碳协同增效工作原则和主要目标

减污降碳协同增效的要点是突出源头治理、系统治理、综合治理，手段是强化减污降碳的目标协同、区域协同、领域协同、任务协同、政策协同、监管协同，途径是通过减污和降碳两个领域的深度耦合和同频共振，实现提质增效。从目标协同来看，减污降碳的协同效果已经显现，未来环境质量改善更多地需要在降碳措施推动下实现。从区域协同来看，污染物与碳排放水平整体在空间上呈现一致性，需要更好地发挥降碳行动对环境质量改善的综合效益。从措施协同来看，由于不同治理措施带来的污染物和温室气体减排效果存在明显差异，要增强污染物与温室气体减排工作的协同性，特别是在末端治理技术选择时考虑协同控碳效果。从政策协同来看，要注重政府和市场两手发力，构建减污降碳一体谋划、一体部署、一体推进、一体考核的制度机制。从监管协同来看，要重点围绕监测体系、统计调查、核算核查、监管执法等方面提升协同能力。

二、提出重点任务

《减污降碳协同增效实施方案》围绕源头防控、重点领域、环境治理、模式创新、支撑保障、组织实施等方面，系统部署了推动减污降碳协同增效的重点任务（图 3-2）。以下重点就前 5 个方面展开叙述。

（一）加强源头防控

强化生态环境分区管控。构建城市化地区、农产品主产区、重点生态功能区分类指导的减污降碳政策体

加强源头防控	突出重点领域	优化环境治理	开展模式创新
强化生态环境分区管控	推进工业领域协同增效	推进大气污染防治协同控制	开展区域减污降碳协同创新
加强生态环境准入管理	推进交通运输协同增效	推进水环境治理协同控制	开展城市减污降碳协同创新
推动能源绿色低碳转型	推进城乡建设协同增效	推进土壤污染治理协同控制	开展产业园区减污降碳协同创新
	推进农业领域协同增效		
加快形成绿色生活方式	推进生态建设协同增效	推进固体废物污染防治协同控制	开展企业减污降碳协同创新

强化支撑保障		加强组织实施	
加强协同技术研发应用	完善减污降碳法规标准	加强组织领导	加强宣传教育
加强减污降碳协同管理	强化减污降碳经济政策	加强国际合作	加强考核督查
提升减污降碳基础能力			

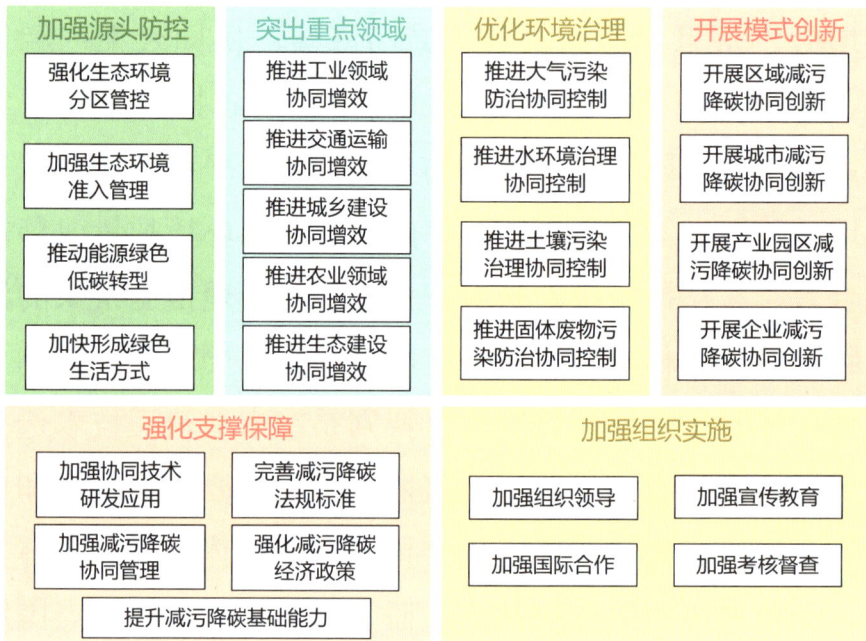

图 3-2　减污降碳协同增效重点任务

系。衔接国土空间规划分区和用途管制要求，将碳达峰碳中和要求纳入"三线一单"（生态保护红线、环境质量底线、资源利用上线和生态环境准入清单）分区管控体系。增强区域环境质量改善目标对能源和产业布局的引导作用，研究建立以区域环境质量改善和碳达峰目标为导向的产业准入及退出清单制度。加大污染严重地区结构调整和布局优化力度，加快推动重点区域、重点流域落后和过剩产能退出。依法加快城市建成区重污染企业搬迁改造或关闭退出。

加强生态环境准入管理。坚决遏制高耗能、高排放、低水平项目盲目发展，高耗能、高排放项目（以下简称

"两高"项目）审批要严格落实国家产业规划、产业政策、"三线一单"、环评审批、取水许可审批、节能审查以及污染物区域削减替代等要求，采取先进适用的工艺技术和装备，提升高耗能项目能耗准入标准，能耗、物耗、水耗要达到清洁生产先进水平。持续加强产业集群环境治理，明确产业布局和发展方向，高起点设定项目准入类别，引导产业向"专精特新"转型。在产业结构调整指导目录中考虑减污降碳协同增效要求，优化鼓励类、限制类、淘汰类相关项目类别。优化生态环境影响相关评价方法和准入要求，强化规划环评源头预防作用，推动在沙漠、戈壁、荒漠地区加快规划建设大型风电光伏基地项目。大气污染防治重点区域严禁新增钢铁、焦化、炼油、电解铝、水泥、平板玻璃（不含光伏玻璃）等产能。

推动能源绿色低碳转型。统筹能源安全和绿色低碳发展，推动能源供给体系清洁化、低碳化和终端能源消费电气化。实施可再生能源替代行动，大力发展风能、太阳能、生物质能、海洋能、地热能等，因地制宜开发水电，开展小水电绿色改造，在严监管、确保绝对安全的前提下有序发展核电，不断提高非化石能源消费比重。严控煤电项目，"十四五"时期严格合理控制煤炭消费增长、"十五五"时期逐步减少。在保障能源安全供应的前提下，大气污染防治重点区域继续实施煤炭消费总量控制，重点削减非电力用煤。原则上不再新增自备燃煤机组，支持自备燃煤机组实施清洁能源替代。持续推进北方地区冬季清洁取暖。新（改、扩）建炉窑原则上采用清洁低碳能源，优化天然气使用方式，优先保障居民用气，有序推进工业燃煤和农业用煤天然气替代。

加快形成绿色生活方式。倡导简约适度、绿色低碳、文明健康的生活方式，从源头上减少污染物和碳排放。扩大绿色低碳产品供给和消费，加快推进构建统一的绿色产品认证与标识体系，完善绿色产品推广机制。开展绿色社区等建设，深入开展全社会反对浪费行动。推广绿色包装，推动包装印刷减量化，减少印刷面积和颜色种类。引导公众优先选择公共交通、自行车和步行等绿色低碳出行方式。发挥公共机构特别是党政机关节能减排引领示范作用，带头开展绿色采购，全面使用低（无）挥发性有机物（VOCs）含量产品。探索建立"碳普惠"等公众参与机制。

（二）突出重点领域

推进工业领域协同增效。实施绿色制造工程，推广绿色设计，探索产品设计、生产工艺、产品分销以及回收处置利用全产业链绿色化，加快工业领域源头减排、过程控制、末端治理、综合利用全流程绿色发展。推进工业节能和能效水平提升。依法实施"双超双有高耗能"企业强制性清洁生产审核，开展重点行业清洁生产改造，推动一批重点企业达到国际领先水平。研究建立大气环境容量约束下的钢铁、焦化等行业去产能长效机制，逐步减少独立烧结、热轧企业数量。大力支持电炉短流程工艺发展，水泥行业加快原燃料替代，石化行业加快推动减油增化，铝行业提高再生铝比例，推广高效低碳技术，加快再生有色金属产业发展。2025年和2030年，全国短流程炼钢占比分别提升至15%、20%以上。2025年再生铝产量达到1150万吨，2030年电解铝使用可再生能源比例提高至30%以上。推动冶炼副产能源资源与建材、石化、化工行业深度耦合发展。在电力、钢铁、建材、有色、石化、化工等6个重点行业开展建设项目温室气体排放环境影响评价试点，鼓励重点行业企业探索采用多污染物和温室气体协同控制技术工艺，开展协同创新。推动碳捕集、利用与封存技术在工业领域的应用。

推进交通运输协同增效。加快推进"公转铁""公转水"，提高铁路、水运在综合运输中的承运比例。发展城市绿色配送体系，加强城市慢行交通系统建设。加快新能源汽车发展，逐步推动公共领域用车全面电动化，推动老旧车辆和非道路移动机械替换为新能源车辆和机械，探索开展中重型电动、燃料电池货车示范应用和商业化运营。到2030年，大气污染防治重点区域新能源汽车新车销售量达到汽车新车销售量的50%左右。加快淘汰老旧船舶，推动新能源、清洁能源动力船舶应用，加快港口供电设施建设，推动船舶靠港使用岸电。

推进城乡建设协同增效。优化城镇布局，合理控制城镇建筑总规模，加强建筑拆建管理，多措并举提高绿色建筑比例，推动超低能耗建筑、近零碳建筑规模化发展。稳步发展装配式建筑，推广使用绿色建材。推动北方地区建筑节能绿色改造与清洁取暖同步实施，优先支持大气污染防治重点区域利用太阳能、地热、生物质能等可再生能源满足建筑供热、制冷及生活热水等用能需求。鼓励在城镇老旧小区改造、农村危房改造、农房抗震改造等过程中同步实施建筑绿色化改造。鼓励小规模、渐进式更新和微改造，推进建筑废弃物再生利用。合理控制城市照明能耗。大力发展光伏建筑一体化应用，开展光储直柔一体化试点。在农村人居环境整治提升中统筹考虑减污降碳要求。

推进农业领域协同增效。推行农业绿色生产方式，协同推进种植业、畜牧业、渔业节能减排与污染治理。深入实施化肥农药减量增效行动，加强种植业面源污染防治，优化稻田水分灌溉管理，推广优良品种和绿色高效栽培技术，提高氮肥利用效率，到2025年，三大粮食作物化肥、农药利用效率均提高到43%。提升秸秆综合利用水平，强化秸秆禁烧管控，严防因秸秆集中焚烧引发重污染天气。开展京津冀及周边地区大气氨排放控制试点，到2025年，京津冀及周边地区大型规模化畜禽养殖场大气氨排放总量比2020年下降5%。协同推进氨等恶臭气体源头减排和畜禽粪污资源化利用，适度发展稻渔综合种养、渔光一体、鱼菜共生等多层次综合水产养殖模式，推进渔船、渔机节能减排。加快老旧农机报废更新，推广先进适用的低碳节能农机装备。在农业领域大力推广生物质能、太阳能等绿色用能模式，加快农村取暖炊事、农业及农产品加工设施等可再生能源替代。

推进生态建设协同增效。坚持因地制宜，宜林则林，宜草则草，科学开展大规模国土绿化行动，持续增加森林面积和蓄积量。强化生态保护监管，完善自然保护地、生态保护红线监管制度，落实不同生态功能区分级分区保护、修复、监管要求，强化河湖生态流量管理。加强土地利用变化管理和森林可持续经营。全面加强天然林保护修复。实施生物多样性保护重大工程。科学推进荒漠化、石漠化、水土流失综合治理，科学实施重点区域生态保护和修复综合治理项目，建设生态清洁小流域。坚持以自然恢复为主，推行森林、草原、河流、湖泊、湿地休养生息，加强海洋生态系统保护，改善水生态环境，提升生态系统质量和稳定性。加强城市生态建设，完善城市绿色生态网络，科学规划、合理布局城市生态廊道和生态缓冲带。优化城市绿化树种，减少花粉污染和自然源挥发性有机物排放，优先选择乡土树种。提升城市水体自然岸线保有率。开展生态改善、环境扩容、碳汇提升等方面效果综合评估，不断提升生态系统碳汇与净化功能。

（三）优化环境治理

推进大气污染防治协同控制。优化治理技术路线，加大氮氧化物、挥发性有机物以及温室气体协同减排力度。一体推进重点行业大气污染深度治理与节能降碳行动，推动钢铁、水泥、焦化行业及锅炉超低排放改造，探索开展大气污染物与温室气体排放协同控制改造提升工程试点。挥发性有机物等大气污染物治理优先采用源头替代措施。推进大气污染治理设备节能降耗，提高设备自动化智能化运行水平。加强消耗臭氧层物质和氢氟碳化物管理，加快使用含氢氯氟烃生产线改造，逐步淘汰氢氯氟烃使用。推进移动源大气污染物排放和碳排放协同治理。

推进水环境治理协同控制。大力推进污水资源化利用。提高工业用水效率，推进产业园区用水系统集成优化，实现串联用水、分质用水、一水多用、梯级利用和再生利用。构建区域再生水循环利用体系，因地制宜建设人工湿地水质净化工程及再生水调蓄设施。探索推广污水社区化分类处理和就地回用。建设资源能源标杆再生水厂。推进污水处理厂节能降耗，优化工艺流程，提高处理效率；鼓励污水处理厂采用高效水力输送、混合搅拌和鼓风曝气装置等高效、低能耗设备；推广污水处理厂污泥沼气热电联产及水源热泵等热能利用技术；提高污泥处置和综合利用水平；在污水处理厂推广建设太阳能发电设施。开展城镇污水处理和资源化利用碳排放测算，优化污水处理设施能耗和碳排放管理。以资源化、生态化和可持续化为导向，因地制宜推进农村生活污水集中或分散式治理及就近回用。

推进土壤污染治理协同控制。合理规划污染地块土地用途，鼓励农药、化工等行业中重度污染地块优先规划用于拓展生态空间，降低修复能耗。鼓励绿色低碳修复，优化土壤污染风险管控和修复技术路线，注重节能降耗。推动严格管控类受污染耕地植树造林增汇，研究利用废弃矿山、采煤沉陷区受损土地、已封场垃圾填埋场、污染地块等因地制宜规划建设光伏发电、风力发电等新能源项目。

推进固体废物污染防治协同控制。强化资源回收和综合利用，加强"无废城市"建设。推动煤矸石、粉煤灰、尾矿、冶炼渣等工业固体废物资源化利用或替代建材生产原料，到2025年，新增大宗固体废物综合利用率达到60%，存量大宗固体废物有序减少。推进退役动力电池、光伏组件、风电机组叶片等新型废弃物回收利用。加强生活垃圾减量化、资源化和无害化处理，大力推进垃圾分类，优化生活垃圾处理处置方式，加强可回收物和厨余垃圾资源化利用，持续推进生活垃圾焚烧处理能力建设。减少有机垃圾填埋，加强生活垃圾填埋场垃圾渗滤液、恶臭和温室气体协同控制，推动垃圾填埋场填埋气收集和利用设施建设。因地制宜稳步推进生物质能多元化开发利用。禁止已淘汰的持久性有机污染物和添汞产品非法生产，从源头减少含有毒有害化学物质的固体废物产生。

（四）开展模式创新

开展区域减污降碳协同创新。基于深入打好污染防治攻坚战和碳达峰目标要求，在国家重大战略区域、大气污染防治重点区域、重点海湾、重点城市群，加快探索减污降碳协同增效的有效模式，优化区域产业结构、能源结构、交通运输结构，培育绿色低碳生活方式，加强技术创新和体制机制创新，助力实现区域绿色低碳发展目标。

开展城市减污降碳协同创新。统筹污染治理、生态保护以及温室气体减排要求，在国家环境保护模范城市、"无废城市"建设中强化减污降碳协同增效要求，探索不同类型城市减污降碳推进机制，在城市建设、生产生活各领域加强减污降碳协同增效，加快实现城市绿色低碳发展。

开展产业园区减污降碳协同创新。鼓励各类产业园区根据自身主导产业和污染物、碳排放水平，积极探索推进减污降碳协同增效，优化园区空间布局，大力推广使用新能源，促进园区能源系统优化和梯级利用、水资源集约节约高效循环利用、废物综合利用，升级改造污水处理设施和垃圾焚烧设施，提升基础设施绿色低碳发展水平。

开展企业减污降碳协同创新。通过政策激励、提升标准、鼓励先进等手段，推动重点行业企业开展减污降碳试点工作。鼓励企业采取工艺改进、能源替代、节能提效、综合治理等措施，实现生产过程中大气、水和固体废物等多种污染物以及温室气体大幅减排，显著提升环境治理绩效，实现污染物和碳排放均达到行业先进水平，"十四五"期间力争推动一批企业开展减污降碳协同创新行动；支持企业进一步探索深度减污降碳路径，打造"双近零"排放标杆企业。

（五）强化支撑保障

加强协同技术研发应用。加强减污降碳协同增效基础科学和机理研究，在大气污染防治、碳达峰碳中和等国家重点研发项目中设置研究任务，建设一批相关重点实验室，部署实施一批重点创新项目。加强氢能冶金、二氧化碳合成化学品、新型电力系统关键技术等研发，推动炼化系统能量优化、低温室效应制冷剂替代、碳捕集与利用等技术试点应用，推广光储直柔、可再生能源与建筑一体化、智慧交通、交通能源融合技术。开展烟气超低排放与碳减排协同技术创新，研发多污染物系统治理、挥发性有机物源头替代、低温脱硝等技术和装备。充分利用国家生态环境科技成果转化综合服务平台，实施百城千县万名专家生态环境科技帮扶行动，提升减污降碳科技成果转化力度和效率。加快重点领域绿色低碳共性技术示范、制造、系统集成和产业化。开展水土保持措施碳汇效应研究。加强科技创新能力建设，推动重点方向学科交叉研究，形成减污降碳领域国家战略科技力量。

完善减污降碳法规标准。实施《碳排放权交易管理暂行条例》。推动将协同控制温室气体排放纳入生态环境相关法律法规。完善生态环境标准体系，制修订相关排放标准，强化非二氧化碳温室气体管控，研究制定重点行业温室气体排放标准，制定污染物与温室气体排放协同控制可行技术指南、监测技术指南。完善汽车等移动源排放标准，推动污染物与温室气体排放协同控制。

加强减污降碳协同管理。研究探索统筹排污许可和碳排放管理，衔接减污降碳管理要求。加快全国碳排放权交易市场建设，严厉打击碳排放数据造假行为，强化日常监管，建立长效机制，严格落实履约制度，优化配额分配方法。开展相关计量技术研究，建立健全计量测试服务体系。开展重点城市、产业园区、重点企业减污降碳协同度评价研究，引导各地区优化协同管理机制。推动污染物和碳排放量大的企业开展环境信息依法披露。

强化减污降碳经济政策。加大对绿色低碳投资项目和协同技术应用的财政政策支持，财政部门要做好减污降碳相关经费保障。大力发展绿色金融，用好碳减排货币政策工具，引导金融机构和社会资本加大对减污降碳的支持力度。扎实推进气候投融资，建设国家气候投融资项目库，开展气候投融资试点。建立有助于企业绿色低碳发展的绿色电价政策。将清洁取暖财政政策支持范围扩大到整个北方地区，有序推进散煤替代和既有建筑节能改造工作。

提升减污降碳基础能力。拓展完善天地一体监测网络，提升减污降碳协同监测能力。健全排放源统计调查、核算核查、监管制度，按履约要求编制国家温室气体排放清单，建立温室气体排放因子库。研究建立固定源污染物与碳排放核查协同管理制度，实行一体化监管执法。依托移动源环保信息公开、达标监管、检测与维修等制度，探索实施移动源碳排放核查、核算与报告制度。

三、开展试点探索

减污降碳协同增效作为一项新生事物，相关制度方法体系尚不完备，在实际工作中，应紧扣创新试点这一关键手段，在试点探索中不断完善体制机制，补齐短板弱项，开展分析评估，强化量化表达，扎实推进减污降碳协同增效工作取得实质性进展。按照工作安排，生态环境部组织各地积极开展模式创新和试点探索。

为落实《减污降碳协同增效实施方案》，进一步明确协同目标、探索协同路径、创新协同管理、引领协同技术，加快探索减污降碳协同治理有效模式，2023年7月，生态环境部印发实施《城市和产业园区减污降碳协同创新试点工作方案》，组织开展城市和产业园区减污降碳协同创新试点工作。开展城市和产业园区减污降碳协同创新试点，有利于加快探索减污降碳协同治理路径和有效模式，形成效果好、可复制推广的实践案例，推动重点区域、重点领域结构优化调整和环境质量改善，助力发展方式绿色转型和高质量发展。

各地积极参与试点工作，展现了地方推动减污降碳促进绿色发展的迫切愿望和实际需求。为保证试点单位的质量和布局，生态环境部组建了减污降碳协同创新建设专家组，综合考虑试点单位和地方的意愿与试点潜力、预期成效、路径可行性以及所属行业和领域的代表性和覆盖面，形成试点名单。2023年12月，生态环境部发布第一批城市减污降碳协同创新试点名单，包括湖州市、南阳市等21个试点城市，以及南通经济技术开发区、合肥高新技术产业开发区等43个产业园区，涉及25个省（区、市）。其中，城市类型包括资源型、工业型、综合型、生态良好型等，有13个城市处于大气污染防治重点区域。产业园区涵盖经济技术开发区、高新技术产业开发区等，主导产业涉及钢铁、有色、石化、化工、汽车、装备制造、新能源、新材料、食品、制药、纺织印染等，有26个产业园区位于重点区域。总体来看，试点单位分布广泛、类型多样，且与污染防治攻坚任务相衔接，符合多领域、多层次创新试点的工作导向和实践要求。

（一）城市减污降碳协同创新试点任务

创新减污降碳协同政策体系。充分利用生态环境法规标准、环境影响评价、生态环境分区管控、排污许可、财税激励及投融资等相关政策工具，推进污染物和温室气体协同控制，形成一体设计和推进的政策机制。结合城市发展定位，探索建立适宜自身特点的减污降碳协同评价方法体系，促进减污降碳协同度有效提升。

创新减污降碳协同减排路径。编制城市污染物和温室气体排放融合清单，识别本地减污降碳协同推进的重点行业、重点领域，强化源头治理、系统治理、综合治理，加快推进结构优化、能源替代、布局调整、技术升级。推动重点企业开展减污降碳协同治理工艺技术创新，打造协同增效标杆项目。

创新减污降碳协同管理机制。探索建立减污降碳一体谋划、一体推进、一体落实、一体考核的工作机制，形成部门间分工合作、协调联动的工作格局。实施城市空气质量达标和碳排放达峰"双达"管理。探索建立减污降碳协同管控标准体系、污染物和碳排放预算管理模式。充分利用信息化手段，探索建立减污降碳协同数字化管理平台。

开展重点领域协同试点。城市结合自身实际，选择若干领域进行自选试点。在能源领域，推动煤炭清洁高效利用，发展可再生能源，促进能源供给体系清洁化低碳化和终端能源消费电气化；在工业领域，加强源头减排、过程控制、末端治理、综合利用，促进全流程绿色发展；在交通运输领域，构建环境友好的基础设施、清洁低碳的运输装备、集约高效的运输组织，促进绿色低碳交通运输体系建设；在城乡建设领域，发展绿色低碳建筑，推动城乡绿色规划建设管理，促进城乡建设方式绿色低碳转型；在生态建设领域，加强生态改善、环境扩容、碳汇提升建设，促进城市扩绿增容；在环境治理领域，持续深入打好蓝天、碧水、净土保卫战，推动大气、水、土壤、固体废物等污染物和温室气体协同治理。

统筹各类城市试点工作。在美丽城市、"无废城市"、低碳城市、再生水循环利用试点城市、气候投融资试点城市等试点示范工作中，更加突出减污降碳协同增效理念和行动，积极探索不同类型城市开展减污降碳协同创新试点，推动实现城市绿色低碳高质量发展。

（二）产业园区减污降碳协同创新试点任务

探索协同减排技术路径。识别污染物和温室气体排放协同控制的重点领域、重点环节、重点工艺，充分挖掘减排潜力，推进能量梯级利用，优化技术工艺和流程，构建能源系统梯级利用、生产过程优化控制、废物综合利用、基础设施绿色低碳改造和智慧管理的减排技术路径，形成一套创新性强、效益明显的减污降碳协同创新模式。

探索协同创新管理体系。探索建立减污降碳协同推进的工作格局和运行机制。衔接产业园区规划环评、行业发展规划等要求，建立以减污降碳协同增效为导向的产业准入、退出清单制度和评价技术方法。加强排放源统计调查、核算核查、监测监管，构建符合产业园区特点的减污降碳协同创新评价技术体系。建立激励机制，强化金融政策支持。

探索基础设施协同模式。打通物质流—信息流—能量流，构建园区产业共生耦合和资源循环利用模式。推进园区清洁能源、清洁运输等相关基础设施建设，加快发展绿色物流，推进现有基础设施绿色化改造。推进产业园区用水系统集成利用，实现串联用水、分质用水、一水多用、梯级利用和再生利用。推进固体废物资源化利用、危险废物精细化管理。

开展重点行业协同试点。产业园区结合自身实际，选择若干行业进行自选试点。在石化、化工等行业，采取工艺升级、原料替代、技术改造等综合措施，强化污染物和温室气体排放协同治理；在火电、钢铁、水泥、焦化等行业，推动实施污染物超低排放改造过程中，强化能源替代、工艺升级、节能降耗、资源循环利用等综合性措施，实现污染物和碳排放"双降"；在纺织、印染、造纸、电镀等行业，采取节能降耗、污水资源化利用等措施，提高行业减污降碳协同度。

统筹各类园区试点创建。在生态工业园区、循环经济产业园区、低碳工业园区、"无废园区"以及绿色工业园区等建设中，更加突出减污降碳协同创新要求。开展重点行业企业减污降碳试点，鼓励企业采取工艺改进、能源替代、节能提效、综合治理等措施，推动污染物和温室气体排放均达到行业先进水平，打造一批行业标杆企业、标杆项目。

减污降碳协同创新试点内容见图 3-3。

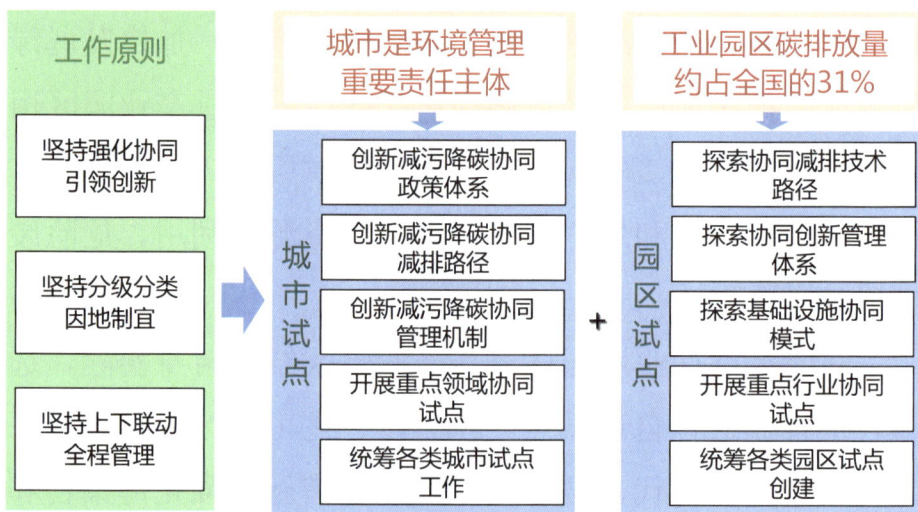

图 3-3　减污降碳协同创新试点内容

为提高试点效果，生态环境部建立定期会商、任务交办、跟踪评估、技术帮扶、总结推广、成果宣传等一系列工作模式，加强跟踪和指导，组建专家团队提供常态化技术支持，引导地方在管理模式、技术路径等方面创新探索，确保试点工作抓出成效。

第二篇

政策篇

《减污降碳协同增效实施方案》对我国减污降碳协同增效工作作出总体部署，在方案落实过程中，相关政策目标、政策工具、政策实施路径的优化配合成为下一阶段工作的主线。通过建立和实施一系列政策机制，有效规范、引导重点领域、重点行业实现减污降碳协同，从根本上推动"双碳"目标和美丽中国建设目标的实现。

　　本篇梳理了相关政策机制的发展历程，从源头协同、领域协同、路径协同多个维度对我国减污降碳协同增效相关政策机制进行了系统总结，并对国际温室气体和污染物协同治理经验进行了综述研究，分析其借鉴意义。

第四章

政策发展历程

实现减污降碳协同增效是推动绿色低碳高质量发展的有效途径，要把实现减污降碳协同增效作为促进经济社会发展全面绿色转型的总抓手，坚持降碳、减污、扩绿、增长协同推进。减污降碳协同增效政策的出台是在反复实践中的探索，减污与降碳逐步形成协同效应共识。

一、相关领域政策探索

减污降碳协同增效植根于前期长时间围绕污染防治和节能减排进行的积极探索实践。《中华人民共和国国民经济和社会发展第十一个五年规划纲要》首次将节能减排作为约束性指标列入规划，确定了多项节能减排、环境保护重大工程及淘汰落后产能目标。《中华人民共和国国民经

济和社会发展第十二个五年规划纲要》明确提出碳排放与
主要污染物的考核指标。这一阶段虽然明确了污染物和温
室气体减排的指标，但具体落实政策未明确强调二者之间
的协同，只有个别政策对污染物和温室气体的协同减排作
出规定。2012年环境保护部发布实施的《关于加快完善环
保科技标准体系的意见》提出"加强不同污染物之间及其
与温室气体协同控制关键技术研发，实现节能降耗、污染
物减排与温室气体控制的协同增效"。2015年，环境保护
部、国家发展改革委发布《关于贯彻实施国家主体功能区
环境政策的若干意见》，提出"积极推进火电、钢铁、水
泥等重点行业大气污染物与温室气体协同控制"。总体来
看，这一阶段的政策在设计之初未考虑把减污降碳协同作
为直接目标，但具有间接协同效果，为减污降碳协同增效
工作奠定了较好基础。

二、提出开展协同控制

2016年1月1日实施的《中华人民共和国大气污染防治
法》明确提出，"对颗粒物、二氧化硫、氮氧化物、挥发
性有机物、氨等大气污染物和温室气体实施协同控制"。
这是我国首次将协同控制大气污染物与温室气体写入法
律。此后，我国开启了探索污染物总量控制与温室气体减
排的协同效应进程，相关法律法规、政策文件、部门规章

等开始将协同控制作为目标和原则性规定。

国务院印发的《"十三五"控制温室气体排放工作方案》《打赢蓝天保卫战三年行动计划》，均将协同控制温室气体和大气污染物作为总目标和总要求。部门层面在协同治理技术和政策措施方面也充分体现了减污降碳协同增效。生态环境部印发的《重点行业挥发性有机物综合治理方案》《工业企业污染治理设施污染物去除协同控制温室气体核算技术指南（试行）》等均提出将协同控制温室气体排放作为主要目标。

三、政策体系逐步形成

2020年9月，习近平主席在第75届联合国大会一般性辩论上宣布，中国二氧化碳排放力争于2030年前达到峰值，努力争取2060年前实现碳中和。国家及部委层面出台了一系列有关减污降碳政策性文件，有力地推动了我国减污降碳协同增效政策的加速成型。我国减污降碳协同增效政策在探索中逐步完善，重点领域和环境治理领域等战略政策文件中均提出减污降碳协同增效相关任务举措。2021年1月，生态环境部发布《关于统筹和加强应对气候变化与生态环境保护相关工作的指导意见》，按照将应对气候变化与生态环境保护相关工作统一谋划、统一布置、统一实施、统一检查的原则要求，从战略规划、政策法规、制度体系、试点示范、国际合作等领域明确了目标和任务。

2021年7月，生态环境部出台《环境影响评价与排污许可领域协同推进碳减排工作方案》及《关于开展重点行业建设项目碳排放环境影响评价试点的通知》，率先在河北、吉林、浙江、山东、广东、重庆、陕西等地，从电力、钢铁、建材、有色、石化和化工等重点行业入手，深入推动试点工作开展。与此同时，碳监测评估试点工作、"三线一单"减污降碳协同管控试点工作等重要政策部署也有序展开，2021年9月印发的《碳监测评估试点工作方案》和2023年9月印发的《深化碳监测评估试点工作方案》，在原有环境监测工作基础和经验上，聚焦重点行业、城市、区域三个层面，探索建立高质量的碳监测评估技术方法体系和业务化运行模式；2021年10月印发的《关于在产业园区规划环评中开展碳排放评价试点的通知》，探索在产业园区规划环评中开展碳排放评价的技术方法和工作路径，推动形成将气候变化因素纳入环境管理的机制。《关于加强高耗能、高排放建设项目生态环境源头防控的指导意见》《关于推进国家生态工业示范园区碳达峰碳中和相关工作的通知》等文件针对推进"两高"行业减污降碳协同控制、发挥示范园区的示范引领作用等提出了要求。

涉及产业、能源、交通、建筑、农业、林业及其他土地利用方面的战略规划中包含减污降碳协同增效相关内容。《中共中央国务院关于加快经济社会发展全面绿色转型的意见》《国务院关于加快建立健全绿色低碳循环发展经济体系的指导意见》《中华人民共和国国民经济和社会发展第十四个五年规划和2035年远景目标纲要》《绿色交通"十四五"发展规划》《农业农村减排固碳实施方案》《"十四五"时期无废城市建设工作方案》《"十四五"节能减排综合工作方案》《空气质量持续改善行动计划》等规划或工作方案中，均将减污降碳协同增效的工作内容和具体要求纳入其中。

2021年9月，中共中央、国务院印发《关于完整准确全面贯彻新发展理念做好碳达峰碳中和工作的意见》，2021年10月，国务院印发《2030年前碳达峰行动方案》，把碳达峰碳中和纳入生态文明建设布局。为贯彻落实党中央、国务院重要决策部署，2022年6月，生态环境部等7部门联合印发《减污降碳协同增效实施方案》，减污降碳协同推进工作格局逐步形成。2023年7月，生态环境部印发实施《城市和产业园区减污降碳协同创新试点工作方案》，探索减污降碳协同创新的有效模式。2024年1月印发的《中共中央 国务院关于全面推进美丽中国建设的意见》，明确提出开展多领域多层次减污降碳协同创新试点，助力美丽中国建设。

第五章

源头防控协同增效

我国的生态环境问题，根本上还是高碳的能源结构和高能耗、高碳的产业结构问题。减污降碳必须首先从源头上发力，包括生态环境分区管控、生态环境准入管理、能源绿色低碳转型、形成绿色生活方式等。

一、生态环境分区管控

实施生态环境分区管控是以习近平同志为核心的党中央作出的重大决策部署。《中共中央办公厅　国务院办公厅关于加强生态环境分区管控的意见》指出，生态环境分区管控是以保障生态功能和改善环境质量为目标，实施分区域差异化精准管控的环境管理制度，是提升生态环境治理现代化水平的重要举措。要强化生态环境保护政策协同，开展生态环境分区管控减污降碳协同试点，研究落实以碳排放、污染物排放等为依据的差别化调控政策。《中共中央 国务院关于全面推进美丽中国建设的意见》指出，完善全域覆盖的生态环境分区管控体系，为发展"明底线""划边框"。《中共中央 国务院关于深入打好污染防治攻坚战的意见》指出，要加强生态环境分区管控，将生态保护红线、环境质量底线、资源利用上线的硬约束落实到环境管控单元，建立差别化的生态环境准入清单。《"三线一单"减污降碳协同管控试点工作方案》提出通过试点，探索生态环境分区管控促进减污降碳协同管控。为建立以"三线一单"为核心的生态环境分区管控体系，加强对生态环境分区管控制度实施和落地应用的指导，生态环境部出台《关于实施"三线一单"生态环境分区管控的指导意见（试行）》，提出要充分发挥生态环境分区管控对重点行业、重点区域的环境准入约束作用，提高协同减污降碳能力。生态环境部修订印发的《规划环境影响评价技术导则 产业园区》，为落实生态环境分区管控要求，提出了规划环评与"三线一单"的应用和衔接，是规划和指导产业园区规划环评工作的重要举措。

二、生态环境准入管理

严把"两高"项目准入关口。遏制"两高"项目盲目发展，从产生源头上切断了"三废"（废水、废气和固体废物）排放和碳排放来源，打通了优化前端产业结构推动减污降碳工作的关键堵点，有助于精准高效推动生态环境质量持续改善和"双碳"目标实现。《中华人民共和国国民经济和社会发展第十四个五年规划和2035年远景目标纲要》提出，要坚决遏制"两高"项目盲目发展，推动绿色转型实现积极发展。为抑制"两高"项目盲目发展，加强"两高"项目生态环境源头防控，生态环境部印发的《关于加强高耗能、高排放建设项目生态环境源头防控的指导意见》指出，严格"两高"项目环评审批，推进"两高"行业减污降碳协同控制。2023年，国务院印发《空气质量持续改善行动计划》，强调坚决遏制高耗能、高排放、低水平项目盲目"上马"，新（改、扩）建项目严格落实国家产业规划、产业政策、生态环境分区管控方案、规划环评、项目环评、节能审查、产能置换、重点污染物总量控制、污染物排放区域削减、碳排放达峰目标等相关要求。

实施产业结构调整指导目录。产业目录是引导社会投资方向和产业发展的关键性政策文件，是决定产业落地的第一层关卡。国家发展改革委修订发布的《产业结构调整指导目录（2024年本）》通过明确行业领域的鼓励类、限制类、淘汰类条目，指明了行业的转型升级方向，提高限制和淘汰标准，大力破除无效供给，为促进产业结构调整和优化升级发挥重要作用。生态环境部印发的《环境保护综合名录（2021年版）》包含"双高"产品名录和环境保护重点设备名录，进一步完善了"高污染、高环境风险"产品名录。部分地区积极探索区域一体化制度创新实践，长三角生态绿色一体化发展示范区执行委员会等部门联合发布的《长三角生态绿色一体化发展示范区产业发展指导目录（2020年版）》和《长三角生态绿色一体化发展示范区先行启动区产业项目准入标准（试行）》，实现了产业发展导向、项目准入标准的跨省域统一。

优化项目环境影响评价。将温室气体管控纳入环评管理。《中共中央 国务院关于深入打好污染防治攻坚战的意见》明确提出将温室气体管控纳入环评管理。《关于统筹和加强应对气候变化与生态环境保护相关工作的指导意见》提出推动评价管理统筹融合。将应对气候变化要求纳入生态环境分区管控，推动将气候变化影响纳入环境影响评价。2021年，生态环境部先后印发《环境影响评价与排污许可领域协同推进碳减排工作方案》《关于开展重点行业建设项目碳排放环境影响评价试点的通知》《规划环境影响评价技术导则 产业园区》《关于在产业园区规划环评中开展碳排放评价试点的通知》等文件，在电力、钢铁、建材、有色、石化和化工等重点行业建设项目和产业园区规划环境影响评价中开展温室气体排放环境影响评价试点，推动温室气体排放环境影响评价技术体系建设。2023年9月，生态环境部印发《关于进一步优化环境影响评价工作的意见》，提出继续开展重点领域、重点行业温室气体排放环评试点，深入推进将减污降碳协同纳入生态环境分区管控、产业园区规划环评和重点行业建设项目环评的试点工作，有效发挥环评制度减污降碳协同增效的源头预防作用。2023年，生态环境部先后制定《环境影响评价技术导则　民用机场建设工程》（HJ 87—2023）、《环境影响评价技术导则　陆地石油天然气开发建设项目》（HJ 349—2023）等标准，均将温室气体管控与评价要求纳入其中。

三、能源绿色低碳转型

构建有利于能源绿色低碳发展的法律政策标准体系。现行法律法规中与碳达峰碳中和工作不相适应的内容依然存在，加强法律法规之间的衔接与协调、完善法律法规和标准计量体系的重要性日益凸显。2021年10月，国务院印发《2030年前碳达峰行动方案》，指出要抓紧修订节约能源法、电力法、煤炭法、可再生能源法、循环经济促进法等，构建有利于绿色低碳发展的法律体系；推进煤炭消费替代和转型升级，加快煤炭减量步伐，"十四五"时期严格合理控制煤炭消费增长。2022年1月，国家发展改革委、国家能源局出台《关于完善能源绿色低碳转型体制机制和政策措施的意见》。2022年6月，国家发展改革委、国家能源局等9部门联合印发《"十四五"可再生能源发展规划》，提出加快发展可再生能源的明确目标任务。2022年7月，为加快推进工业绿色低碳转型，工业和信息化部、国家发展改革委、生态环境部出台《工业领域碳达峰实施方案》，提出要推动制修订节约能源法、可再生能源法、循环经济促进法、清洁生产促进法等法律法规。加快制修订能耗限额、产品设备能效强制性国家标准，构建标准计量体系。

　　推进能源"双控"向碳排放"双控"转变。碳达峰碳中和目标提出后，国家明确提出，要创造条件尽早实现能耗"双控"向碳排放总量和强度"双控"转变。这是党中央立足国家发展实际，推动经济社会全面绿色低碳转型作出的重大制度设计，碳排放"双控"将成为未来我国碳达峰碳中和综合评价考核的重要制度。自2020年9月我国提出碳达峰碳中和战略目标以来，党中央多次就推动能耗"双控"向碳排放"双控"转变作出决策部署。2021年中央经济工作会议要求，正确认识和把握碳达峰碳中和，创造条件尽早实现能耗"双控"向碳排放总量和强度"双控"转变。党的二十大报告要求，完善能源消耗总量和强度调控，重点控制化石能源消费，逐步转向碳排放总量和强度"双控"制度。2023年7月中央全面深化改革委员会第二次会议审议通过了《关于推动能耗双控逐步转向碳排放双控的意见》，为稳步推进能耗"双控"向碳排放"双控"转变，促进经济社会绿色低碳发展转型提供强大政策支持。

健全能源市场化机制。在碳达峰碳中和目标下，绿色电力证书、绿色电力交易、用能权交易、碳排放权交易市场等经济政策将在能源低碳转型中发挥重要作用。《促进绿色消费实施方案》《关于加快建设全国统一电力市场体系的指导意见》等文件强调加强政策间协调关系，进一步推动绿色电力证书（绿证）、绿色电力交易、可再生能源消纳责任权重以及碳排放权交易等政策的联动发展。2023年7月，为做好可再生能源绿色电力证书全覆盖工作，促进可再生能源电力消费，国家发展改革委、财政部、国家能源局印发《关于做好可再生能源绿色电力证书全覆盖工作促进可再生能源电力消费的通知》，指出要建立基于绿证的绿色电力消费认证标准、制度和标识体系，进一步健全完善可再生能源绿色电力证书制度。研究推进绿证与全国碳排放权交易机制、温室气体自愿减排交易机制的衔接协调，更好地发挥制度合力。

四、形成绿色生活方式

发展绿色消费，推广绿色低碳产品。近年来，我国促进绿色消费工作取得积极进展，绿色消费理念逐步普及，但绿色消费需求仍待激发和释放，一些领域依然存在浪费和不合理消费，促进绿色消费长效机制尚需完善，绿色消费对经济高质量发展的支撑作用有待进一步提升。2020年3月，国家发展改革委、司法部印发《关于加快建立绿色生产和消费法规政策体系的意见》，提出要积极推行绿色产品政府采购制度，建立完善节能家电、高效照明产品、节水器具、绿色建材等绿色产品和新能源汽车推广机制。2021年12月，国有资产监督管理委员会出台《关于推进中央企业高质量发展做好碳达峰碳中和工作的指导意见》，提出扩大中央企业绿色低碳产品和服务的有效供给，推进产品绿色设计。2022年1月，为完善促进绿色消费长效机制，进一步提升绿色消费对经济高质量发展的支撑作用，国家发展改革委等部门印发《促进绿色消费实施方案》，完善政府绿色采购标准，加大绿色低碳产品采购力度，推动建立绿色消费信息平台，探索实施全国绿色消费积分制度，鼓励绿色消费。

倡导绿色出行方式。2019年5月，为进一步提高绿色出行水平，交通运输部等12部门和单位印发《绿色出行行动计划（2019—2022年）》，提出要构建完善综合运输服务网络。开展绿色出行宣传，大力培育绿色出行文化。建立健全绿色出行支持体系，强化财政、金融、税收、土地、投资、保险等方面的政策保障。建立绿色出行统计报表制度，建立专家评估、明察暗访、民意征询和委托第三方机构评估等动态综合评价机制。2022年4月，交通运输部、国家铁路局、中国民用航空局、国家邮政局印发《贯彻落实

〈中共中央　国务院关于完整准确全面贯彻新发展理念做好碳达峰碳中和工作的意见〉的实施意见》，提出要完善绿色出行服务体系，引导公众优先选择公共交通、步行和自行车等绿色出行方式。2023年8月，交通运输部、公安部等部门联合印发《关于组织开展2023年绿色出行宣传月和公交出行宣传周活动的通知》，提出探索建立绿色出行积分政策，引导选择绿色出行方式。

开展绿色低碳社会行动示范。2017年4月，环境保护部、住房和城乡建设部印发《关于推进环保设施和城市污水垃圾处理设施向公众开放的指导意见》，推动相关设施向公众开放，保障公众环境知情权、参与权、监督权，激发公众环境责任意识，推动形成崇尚生态文明的良好风尚。2019年10月，国家发展改革委印发《绿色生活创建行动总体方案》，提出开展节约型机关、绿色家庭、绿色学校、绿色社区、绿色出行、绿色商场、绿色建筑等创建行动，广泛宣传推广简约适度、绿色低碳、文明健康的生活理念和生活方式，建立完善绿色生活的相关政策和管理制度。2021年1月，生态环境部、中宣部、中央文明办等联合印发《"美丽中国，我是行动者"提升公民生态文明意识行动计划（2021—2025年）》，进一步加强生态文明宣传教育，引导全社会牢固树立生态文明价值观和行为准则，推动构建生态环境治理全民行动体系，形成人人关心、支持、参与美丽中国建设的良好局面。2023年，生态环境部正式印发《公民生态环境行为规范十条》，引领公民践行生态环境保护义务和责任，做生态文明理念的积极传播者和模范践行者，促进全社会形成简约适度、绿色低碳、文明健康的生活方式。

第六章

重点领域协同增效

实施工业、交通运输、城乡建设、农业、生态建设五大重点领域结构调整和绿色升级是实现减污降碳的根本途径。

一、工业领域

强化能效水平引领，推动节能降碳改造升级。《关于严格能效约束推动重点领域节能降碳的若干意见》，强调突出标准引领作用，深挖节能降碳技术改造潜力。《工业能效提升行动计划》提出动态调整完善行业能效标杆水平和基准水平，从高定标、分类指导，坚决遏制高耗能、高排放、低水平项目不合理用能。《高耗能行业重点领域节能降碳改造升级实施指南（2022年版）》《工业重点领域能效标杆水平和基准水平（2023年版）》提出明确重点领域能效标杆水平和基准水平。《工业领域碳达峰实施方案》提出深入开展清洁生产审核和评价认证，建立和完善各行业清洁生产评价体系陆续出台《电解锰行业清洁生产评价指标体系》《烧碱、聚氯乙烯行业清洁生产评价指标体系》。

推动源头减排、过程控制、末端治理、综合利用全流程绿色发展。《"十四五"工业绿色发展规划》提出，以减污降碳协同增效为总抓手，统筹发展与绿色低碳转型。《工业领域碳达峰实施方案》强调，加强产业间耦合链接，推进减污降碳协同增效，持续降低单位产出能源资源消耗，从源头减少二氧化碳排放；推进石化行业能效"领跑者"行动，推动工业领域节能提效改造。《国家工业和信息化领域节能技术装备推荐目录（2022年版）》提出，遴选推广可再生能源高效利用、园区能源系统优化和梯级利用等领域节能提效技术。

打造高质量绿色供应链，督促供应商落实减污降碳主体责任。《工业领域碳达峰实施方案》提出，构建绿色低碳供应链，加快推进构建统一的绿色产品认证与标识体系，推动供应链全链条绿色低碳发展。《有色金属行业碳达峰实施方案》将引导有色金属生产企业选用绿色原辅料、技术、装备、物流，建立绿色低碳供应链管理体系。

二、交通运输领域

优化调整交通运输结构。《推进多式联运发展优化调整运输结构工作方案》提出，以发展多式联运为抓手，推动各种交通运输方式深度融合，基本形成大宗货物及集装箱中长距离运输以铁路和水路为主的发展格局，全国铁路和水路货运量比2020年分别增长10%和12%。《绿色交通"十四五"发展规划》指出，推进港口、大型工矿企业大宗货物主要采用铁路、水运、封闭式皮带廊道、新能源和清洁能源汽车等绿色运输方式。《国家综合立体交通网规划纲要》明确优化调整运输结构，推进多式联运型物流园区、铁路专用线建设，形成以铁路、水运为主的大宗货物和集装箱中长距离运输格局。《公路"十四五"发展规划》明确推进结构性减排，持续加强公路货运治理，推动大宗货物和中长途货运"公转铁""公转水"，进一步降低大宗货物和集装箱中长距离运输的公路分担比例。《关于进一步推进电能替代的指导意见》强调，落实国家综合立体交通规划纲要，推动公路交通、水上交通电气化发展，助力构建绿色低碳的综合立体交通网。

创新货运组织模式。《"十四五"现代综合交通运输体系发展规划》提出，优化"门到门"物流服务网络，鼓励发展城乡物流共同配送、统一配送、集中配送、分时配送等集约化配送模式，提高工矿企业绿色运输比例，扩大城市生产生活物资公铁联运服务供给。《综合运输服务"十四五"发展规划》提出，深入推进城市绿色货运配送示范工程创建，加快形成"集约、高效、绿色、智能"城市货运配送服务体系。《关于加快推进冷链物流运输高质量发展的实施意见》旨在推动冷链物流运输高质量发展，要求依托多式联运示范工程，积极推进冷链物流多式联运发展。《"十四五"现代物流发展规划》提出，加快新能源、符合国六排放标准等货运车辆在现代物流特别是城市配送领域应用，促进新能源叉车在仓储领域应用。

构建环境友好的基础设施。《综合运输服务"十四五"发展规划》中明确，推动新能源和清洁能源车辆、船舶在运输服务领域应用，加快充换电、加氢等基础设施规划布局和建设。《关于完善能源绿色低碳转型体制机制和政策措施的意见》提出，开展多能融合交通供能场站建设，推进新能源汽车与电网能量互动试点示范，推动车桩、船岸协同发展。《促进绿色消费实施方案》提出，大力推广新能源汽车，加强充换电、新型储能、加氢等配套基础设施建设，积极推进车船用液化天燃气（LNG）发展。《"十四五"现代物流发展规划》提出，加强货运车辆适用的充电桩、加氢站及内河船舶适用的岸电设施、液化天然气加注站等配套布局建设。

三、城乡建设领域

开展绿色建筑创建行动。《关于推动城乡建设绿色发展的意见》提出，规范绿色建筑设计、施工、运行、管理，鼓励建设绿色农房。推进既有建筑绿色化改造，鼓励与城镇老旧小区改造、农村危房改造、抗震加固等同步实施。开展绿色建筑、节约型机关、绿色学校、绿色医院创建行动。《城乡建设领域碳达峰实施方案》提出，到2025年建筑行业能效标杆水平以上的产能比例均达30%、星级绿色建筑占比达到30%以上、新建政府投资公益性公共建筑和大型公共建筑全部达到一星级以上。《"十四五"建筑节能与绿色建筑发展规划》提出，推动超低能耗建筑规模化发展。

推进工程建设全过程绿色建造。《关于推动城乡建设绿色发展的意见》提出，发展装配式建筑，重点推动钢结构装配式住宅建设，不断提升构件标准化水平，推动形成完整产业链，推动智能建造和建筑工业化协同发展。《"十四五"建筑业发展规划》提出，要逐步完善适用不同建筑类型装配式混凝土建筑结构体系，加大高性能混凝土、高强钢筋和消能减震、预应力技术集成应用，推进装配化装修方式在商品住房项目中的应用，推广管线分离、一体化装修技术。推进施工现场建筑垃圾减量化，推动建筑废弃物的高效处理与再利用，探索建立研发、设计、建材和部品部件生产、施工、资源回收再利用等一体化协同的绿色建造产业链。

实施建材绿色采购。实施建材绿色采购是促进建材生产阶段以及整个建筑业加速减污降碳的抓手之一，随着社会整体绿色消费意识的逐步增强，采购主体也将在政府部门的基础上不断增加，各级政府通过在公共项目中实行绿色采购并鼓励企业绿色采购，加速推动建筑业的减污降碳发展。《城乡建设领域碳达峰实施方案》《建材行业碳达峰实施方案》均明确提出支持政府采购绿色建材，大力发展绿色建筑。

四、农业领域

推进化肥农药减量增效行动。《"十四五"推进农业农村现代化规划》提出，深入开展测土配方施肥，持续优化肥料投入品结构，增加有机肥施用，推广肥料高效施用技术。稳妥推进高毒高风险农药淘汰，加快推广低毒低残留农药和高效大中型植保机械，因地制宜集成应用病虫害绿色防控技术。推进兽用抗菌药使用减量化，规范饲料和饲料添加剂生产使用。到2025年，主要农作物化肥、农药利用率均达到43%以上。《农业农村减排固碳实施方案》提出，以粮食主产区、果菜茶优势产区、农业绿色发展先行区等为重点，推进氮肥减量增效。研发推广作物吸收、利用率高的新型肥料产品，推广水肥一体化等高效施肥技术，提高肥料利用率。推进有机肥与化肥结合施用，增加有机肥投入，替代部分化肥。《建设国家农业绿色发展先行区促进农业现代化示范区全面绿色转型实施方案》提出，深入实施化肥减量行动，推进测土配方施肥，示范推广缓释肥、水溶肥等新型肥料，推进有机肥替代化肥，鼓励整县推行统测、统配、统供、统施"四统一"服务。

　　加强畜禽粪污资源化利用。《国务院办公厅关于加快推进畜禽养殖废弃物资源化利用的意见》指出，建立畜禽养殖废弃物资源化利用制度，提高全国畜禽粪污综合利用率。《农业农村减排固碳实施方案》提出，推广低蛋白日粮、全株青贮等技术和高产低排放畜禽品种，改进畜禽饲养管理，实施精准饲喂，降低单位畜禽产品肠道甲烷排放强度，改进畜禽粪污处理设施装备，推广粪污密闭处理、气体收集利用或处理等技术。《建设国家农业绿色发展先行区促进农业现代化示范区全面绿色转型实施方案》提出，推进标准化规模养殖，推广节水节料饲喂、节水清粪等实用技术装备，实现源头减量。支持开展畜禽粪污资源化利用整县推进，建设粪肥还田利用种养结合基地，加强规模养殖场粪污资源化利用计划和台账管理。因地制宜推广堆沤肥、沼气发酵、异位发酵床等粪污处理技术，建设田间贮存和输送管网设施，推进管网式、拖管式等施肥方式，加快推进畜禽粪肥机械化还田利用，开展畜禽养殖业氨排放控制，协同推动氨气等恶臭物质治理。《甲烷排放控制行动方案》以畜禽规模养殖场为重点，提出改进畜禽粪污存储及处理设施装备，推广粪污密闭处理、气体收集利用或处理等技术。《空气质量持续改善行动计划》提出，稳步推进大气氨污染防控。开展京津冀及周边地区大气氨排放控制试点。推广氮肥机械深施和低蛋白日粮技术。研究畜禽养殖场氨气等臭气治理措施，鼓励生猪、鸡等圈舍封闭管理，支持粪污输送、存储及处理设施封闭，加强废气收集和处理。到2025年，京津冀及周边地区大型规模化畜禽养殖场大气氨排放总量比2020年下降5%。

五、生态建设领域

强化生态建设协同减污降碳。近年来，国家陆续出台了优化生态建设与温室气体协同控制相关的政策，不断规范和完善相关的体系建设，发挥森林、草原、湿地、海洋、土壤、冻土固碳作用，协同提升生态系统"扩容"和"碳汇"能力。《关于统筹和加强应对气候变化与生态环境保护相关工作的指导意见》提出，重视运用基于自然的解决方案减缓和适应气候变化，协同推进生物多样性保护、山水林田湖草沙系统治理等相关工作。《"十四五"生态保护监管规划》提出，逐步开展生态系统碳汇认证与生态系统碳汇能力核算，实施生态保护修复碳汇成效监测评估，建立以空间管控和质量提升为目标的生态系统碳汇监管体系，持续巩固提升生态系统碳汇能力。《生态系统碳汇能力巩固提升实施方案》的印发标志着生态碳汇行动全面推开，提出强化生态系统碳汇法治保障、健全体现碳汇价值的生态保护补偿机制、推进生态系统碳汇交易、完善生态保护修复多元化投入机制等生态系统碳汇相关法规政策。2023年9月，中共中央办公厅、国务院办公厅印发《深化集体林权制度改革方案》，提出建立健全林业碳汇计量监测体系，形成林业碳汇核算基准线和方法学，支持符合条件的林业碳汇项目开发为温室气体自愿减排项目并参与市场交易，建立健全能够体现碳汇价值的生态保护补偿机制。

第七章

环境治理协同增效

环境污染物与温室气体排放具有高度同根同源特征，优化环境治理路径实现协同增效主要涉及大气、水、土壤、固体废物等领域减污降碳协同控制政策。

一、大气污染物与温室气体协同控制

注重源头治理，持续推进产业结构和能源结构调整。《工业炉窑大气污染综合治理方案》《钢铁行业产能置换实施办法》《关于加强高耗能、高排放建设项目生态环境源头防控的指导意见》以及重点区域秋冬季大气污染综合治理攻坚行动方案等多项文件中提出，通过压减钢铁等高耗能高污染行业过剩产能、燃料清洁低碳化替代、农村地区清洁取暖改造、淘汰燃煤小锅炉、重点行业煤炭消费减量替代，推动大气污染物与温室气体协同控制。《重点行业挥发性有机物综合治理方案》《关于加快解决当前挥发性有机物治理突出问题的通知》等文件中要求推动工业领域重点行业低（无）挥发性有机物原辅材料替代，从源头促进减污降碳协同增效。多项超低排放改造意见和治理方案中，对重点行业源头治理工作提出了要求，高炉焦炉煤气精脱硫、高炉等低碳燃烧、氢冶金、高炉炉顶均压煤气全回收等改造，均为从源头减少大气污染物和温室气体排放。

强化全过程精细化减排，推进大气污染治理设备节能降耗。《"十四五"节能减排综合工作方案》《高耗能行业重点领域能效水平和基准水平（2021年版）》等文件中对节能减排提出明确要求，如煤电机组节煤降耗、供热、灵活性"三改联动"改造等。《强化危险废物监管和利用处置能力改革实施方案》《"十四五"时期"无废城市"建设工作方案》《关于促进生产过程协同资源化处理城市及产业废弃物工作的意见》《循环发展引领行动》《关于加快推动资源综合利用的实施方案》《关于推进实施钢铁行业超低排放的意见》等方案中提出，开展钢铁行业短流程改造、烧结机机头烟气内循环技术、水泥窑协同处置、水泥窑高能效烧成、回转窑高效密封技术等节能改造，均在大力推进大气污染物减排的同时，协同降低碳排放强度。

优化治理技术路线，一体化推进重点行业大气污染深度治理与温室气体协同减排。《中共中央　国务院关于深入打好污染防治攻坚战的意见》《空气质量持续改善行动计划》《全面实施燃煤电厂超低排放和节能改造工作方案》《关于推进实施钢铁行业超低排放的意见》《关于推进实施水泥行业超低排放的意见》《关于推进实施焦化行业超低排放的意见》等文件均对煤电、钢铁、水泥、焦化等重点行业的超低排放改造及节能减排工作提出了相关要求，在大力推进大气污染物减排的同时，协同推动碳排放强度下降。

加强消耗臭氧层物质、氢氟碳化物及甲烷等温室气体管理。《关于严格控制新建、改建、扩建含氢氯氟烃生产项目的通知》中提出逐步削减含氢氯氟烃生产和使用等要求。根据 2024 年氢氟碳化物生产和使用量冻结在基线值的履约目标，《2024 年度氢氟碳化物配额总量设定与分配方案》明确了 2024 年国内氢氟碳化物生产、进口、内用生产配额总量和企业配额分配方案等内容。《甲烷排放控制行动方案》全面提出了加强甲烷监测、核算、报告和核查体系建设，加快推进能源、农业和废物领域排放控制等八项重点任务。《一氯二氟甲烷生产设施副产三氟甲烷排放核算方法与报告技术规范（征求意见稿）》《固定污染源废气　非甲烷总烃连续监测技术规范》等的制定，在强化温室气体管控能力中发挥了重要作用。

强化大气污染物减排与碳减排的经济政策。多年来，中央财政采取以奖代补方式，支持京津冀及周边地区、汾渭平原国三及以下排放标准营运中重型柴油货车淘汰工作，加大价格政策、财税政策、信贷融资支持力度，提高企业大气污染治理和碳减排的积极性。建立有助于企业绿色低碳发展的绿色电价政策，将清洁取暖财政政策支持范围扩大到整个北方地区，有序推进散煤替代和既有建筑节能改造工作，加强清洁生产审核和评价认证结果应用，将其作为阶梯电价、用水定额、重污染天气绩效分级管控等差异化政策制定和实施的重要依据，为推动大气污染物和温室气体减排提供激励和约束机制。

二、水污染物与温室气体协同控制

以废污水高效治理为主的源头降碳政策。贯彻"节水即治污、节水即降碳"理念，《关于推进污水处理减污降碳协同增效的实施意见》提出实施国家节水行动、加快海绵城市建设、规范排水管理、推动工业废水循环利用等措施，加强源头节水减排。坚持推进污水应收尽收、高效输送、节能处理，《关于推进污水处理减污降碳协同增效的实施意见》《"十四五"城镇污水处理及资源化利用发展规划》等均提出污水收集效能提高、低碳污水处理工艺推广、设备节能降碳改造、智能水务调控等多种组合措施，提高城镇污水收集及处理效能，同步减少温室气体的直接排放和间接排放。

以污水污泥资源化利用为主的过程替碳政策。通过政策措施引导充分挖掘污水和污泥的资源属性，在能源替代和水资源再生利用方面发挥替碳作用。《甲烷排放控制行动方案》《关于推进污水处理减污降碳协同增效的实施意见》鼓励污泥厌氧消化工艺改造、沼气热电联产工艺推广等工艺措施，《关于推进污水资源化利用的指导意见》《区域再生水循环利用试点实施方案》等鼓励再生水分质利用、就近利用、冬储夏用等，替代部分供电、供水过程碳排放。多个文件均提出支持依法依规将上游生产企业可生化性强的废水作为下游污水处理厂碳源补充，协同处置污水，同步减少工业企业及污水处理厂污水处理的温室气体排放。

以生态净化措施为主的末端固碳政策。明确"保护优先、自然恢复"的基本方针，《中共中央 国务院关于全面推进美丽中国建设的意见》强调统筹水资源、水环境、水生态治理，加强水源涵养区和生态缓冲带保护修复。《重点流域水生态环境保护规划》鼓励采取生态缓冲带建设、湿地恢复与建设等针对性措施，提升江河湖泊的净化能力，稳定增强水生态系统的固碳能力。《关于推进污水资源化利用的指导意见》《区域再生水循环利用试点实施方案》《"十四五"城镇污水处理及资源化利用发展规划》鼓励因地制宜利用人工湿地等设施优化污水处理水质，推动降碳、减污、扩绿、增长。

水污染物与温室气体协同控制的保障政策措施。《关于推进污水处理减污降碳协同增效的实施意见》提出，加快制定《协同降碳绩效评价　城镇污水处理》国家标准，因地制宜制定污水排放地方标准，研究制定城镇污水处理碳排放统计核算、监测计量标准等，从强化政策规制角度推动落实污水处理碳排放控制。《中共中央　国务院关于全面推进美丽中国建设的意见》提出建设污水处理绿色低碳标杆厂，《关于推进污水处理减污降碳协同增效的实施意见》提出低碳污水处理技术攻关、技术创新示范和应用推广等，从科技支撑与试点示范角度推动减污降碳协同增效先行先试。《关于推进污水资源化利用的指导意见》提出，鼓励对污水处理减污降碳项目进行政府专项债券支持、绿色信贷发放、绿色债券融资、税收优惠等，从价格机制与财金政策保障机制层面激励协同控制措施的实施。

三、土壤污染与温室气体协同控制

以减污降碳协同增效为导向，生态环境部等部门不断优化土壤污染物与温室气体协同控制政策，建立绿色低碳修复经济激励机制，推动土壤污染防治工作向绿色低碳修复全过程减污降碳协同增效方向发展，提高土壤污染风险管控和修复的绿色化、低碳化水平。《关于加强高耗能、高排放建设项目生态环境源头防控的指导意见》提出，新建、扩建"两高"项目单位产品物耗、能耗、水耗等达到清洁生产先进水平，依法制定并严格落实防治土壤与地下水污染的措施，推进"两高"行业减污降碳协同控制。《关于促进土壤污染风险管控和绿色低碳修复的指导意见》提出，土壤污染防治相关资金使用和政府采购等活动中推动落实绿色化、低碳化有关要求，鼓励采用绿色低碳的方案、装备、材料等。用好碳减排支持工具、气候投融资等市场化资金以及国际贷赠款资金支持途径，通过多渠道资金来源与创新机制保障支撑土壤风险管控和修复项目实施。

四、固体废物与温室气体协同控制

强化固体废物治理与碳减排的政策手段。出台系列文件提出通过低碳原料替代、资源循环利用、处理方式提升等政策措施，大力推进固体废物治理，协同推动碳排放强度下降。在工业领域，支持尾矿、粉煤灰、煤矸石等工业固体废物规模化高值化利用，加快全固体废物胶凝材料、全固体废物绿色混凝土等技术研发推广；在保证水泥产品质量的前提下，推广高固体废物掺量的低碳水泥生产技术，引导水泥企业采用磷石膏、矿渣、电石渣、钢渣、粉煤灰等非碳酸盐原料制造水泥。在农业领域，推进秸秆能源化利用，因地制宜发展秸秆生物质能供气、供热、供电；推广生物质成型燃料、打捆直燃、热解炭气联产等技术，配套清洁炉具和生物质锅炉，助力农村地区清洁取暖。在城乡建设领域，大力推进垃圾分类，持续推进生活垃圾焚烧处理能力建设，减少有机垃圾填埋，推动垃圾填埋场填埋气收集和利用设施建设；《城乡建设领域碳达峰实施方案》提出，大力发展装配式建筑，推进建筑垃圾集中处理、分级利用。

强化固体废物治理与碳减排的经济政策。为鼓励固体废物处理行业资源综合利用，国家推出了增值税、企业所得税、环境保护税等多项税收优惠政策，定期更新《资源综合利用企业所得税优惠目录（2021年版）》等文件。《工业领域碳达峰实施方案》提出，落实资源综合利用税收优惠政策，鼓励地方开展资源利用评价。《城乡建设领域碳达峰实施方案》提出，优先选用获得绿色建材认证标识的建材产品，建立政府工程采购绿色建材机制。

夯实固体废物治理与碳减排的政策实施保障。《工业领域碳达峰实施方案》提出，深入推动工业资源综合利用基地建设，探索形成基于区域产业特色和固体废物特点的工业固体废物综合利用产业发展路径。《建材行业碳达峰实施方案》提出，加快提升建材产品固体废物利用水平，支持在重点城镇建设一批能效水平较好的水泥窑、墙体材料隧道窑无害化协同处置固体废物项目。同时，要求完善建材行业碳排放核算和计量体系，研究制定重点行业和产品碳排放限额标准，制定重点行业温室气体排放环境影响评价技术指南。《农业农村减排固碳实施方案》提出，研究建立核算认证体系，探索农业碳排放交易有效路径，有序开展典型技术模式应用试点。生态环境部于2021年9月启动的碳监测评估试点和于2023年9月启动的深化碳监测评估试点工作中，废弃物处理行业为试点行业之一。

第八章

国际温室气体与污染物协同治理政策

国际上温室气体与污染物协同主要是协同效益的概念，并在立法、政策、制度、标准、工具、实践等层面开展了一系列工作。发达国家从控制污染物排放着手，逐步引入了温室气体排放控制的概念和举措，引入了不同的排放管理和预测工具，为我国减污降碳工作开展提供了经验借鉴。

一、国际温室气体与污染物协同治理政策

从 20 世纪 90 年代开始，国际社会逐步提出温室气体和污染物协同控制的概念并开展政策实践，探索结合短期

控制污染物排放和长期控制温室气体排放的策略来实现可持续发展目标。1991 年由Ayres和Walter首次提出伴生效益（ancillary benefits）的概念，用于在温室气体减排措施效益评估时考虑减少其他污染物损害的附加效益。随后，Pearce和Barker提出了次生效益（secondary benefits）的概念，描述温室气体减排政策能够发挥的减少污染物排放及其环境损害的效益，并指出许多CO_2控制政策对其他污染物排放的次生效益可达到全球变暖效益的 10～20 倍。1995 年IPCC第二次评估报告中引用了伴生效益、次生效益的概念，用于描述控制温室气体的同时所产生的局地大气污染物减排效益。此后IPCC历次评估报告关于协同效益的术语定义逐步完善，重视程度明显提升：2001 年IPCC第三次评估报告首次明确提出温室气体减排政策的非气候效益即协同效益；2007 年IPCC第四次评估报告指出"综合减少大气污染与减缓气候变化的政策与单独的那些政策相比，具有大幅削减成本的潜力"；2014 年IPCC第五次评估报告将政策或措施的正面附加影响界定为协同效益，将负面附加影响界定为负面效应；2023 年，IPCC第六次评估报告反复强调协同效益，如能源部门向低排放过渡有诸多协同效益，包括改善空气质量和健康状况等；运输部门的许多缓解战略可产生多重协同效益，包括改善空气质量、人体健康、公平获得运输服务、减少拥堵等。国际领域污染物与温室气体控制协同效益相关概念发展历程见图 8-1。

1991年

伴生效益（ancillary benefits），由Ayres和Walter提出，用于在温室气体减排措施效益评估时考虑减少其他污染物损害的附加效益。

1992—1993年

次生效益（secondary benefits），由Pearce和Barker提出，指出许多CO₂控制政策对其他污染物的次生效益可达到全球变暖效益的10～20倍。

1995年

联合国政府间气候变化专门委员会（IPCC）第二次评估报告中引用了次生效益、伴生效益概念，用于描述控制温室气体的同时所产生的局地大气污染物减排效益。

2001年

IPCC第三次评估报告首次明确提出了协同效益（co-benefits）的概念，即温室气体减排政策的非气候效益，区别于伴生效益/次生效益，这些效益在政策设计之初就被明确纳入。

2007年

IPCC第四次评估报告指出"综合减少大气污染与减缓气候变化的政策与单独的那些政策相比，可以提供大幅削减成本的潜力"。

2014年

考虑到政策或措施产生的影响有好有坏，IPCC第五次评估报告将政策或措施的正面附加影响界定为协同效益，将负面附加影响界定为负面效应。

2023年

IPCC第六次评估报告反复强调协同效益，如能源部门向低排放过渡有诸多协同效益，包括改善空气质量和健康状况等；运输部门的许多缓解战略可产生多重协同效益，包括改善空气质量、人体健康、减少拥堵等。

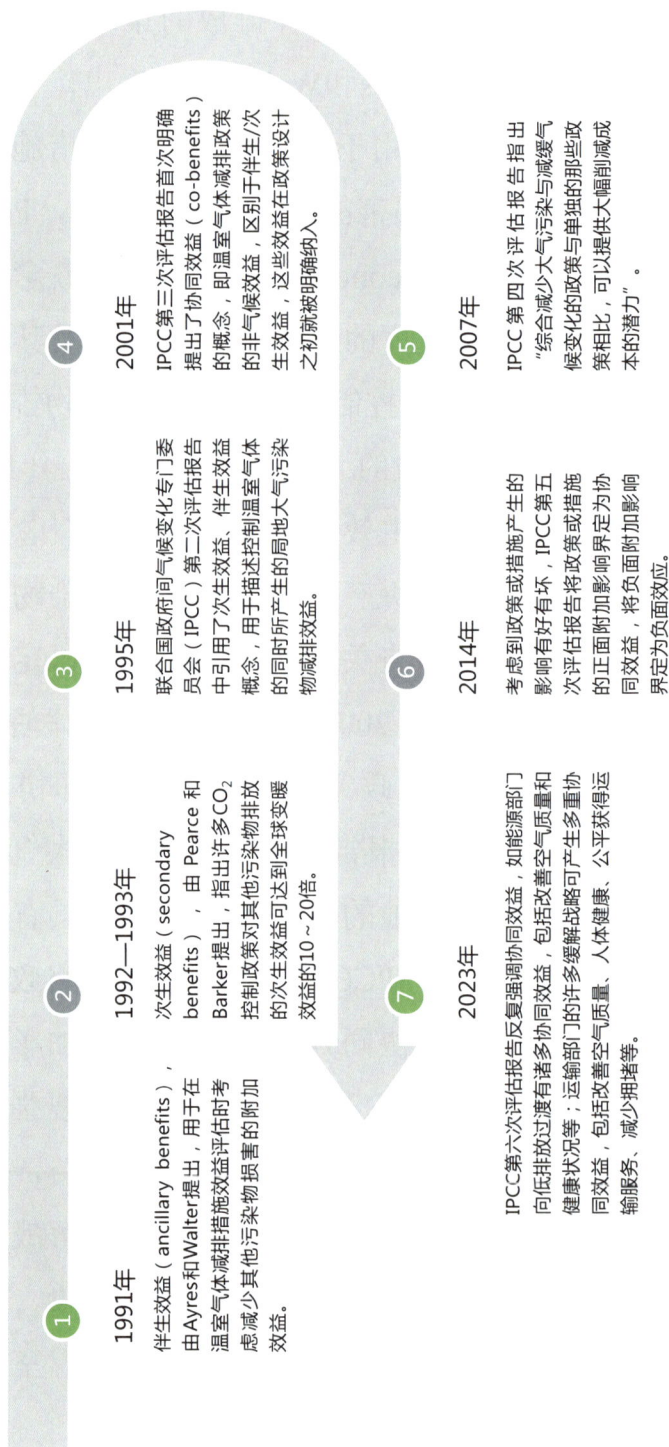

图 8-1 国际领域污染物与温室气体控制协同效益相关概念发展历程

（一）联合国框架下环境和气候公约取得积极成果

1985 年缔结的《保护臭氧层维也纳公约》、1987 年达成的《关于消耗臭氧层物质的蒙特利尔议定书》以及 2016年《蒙特利尔议定书》缔约方达成的《基加利修正案》是全球保护臭氧层行动的重要法律，根据科学评估，议定书推动实现了巨大的环境、气候和健康效益，开启了协同应对臭氧层耗损和气候变化的历史新篇章，同时履行修正案的管控要求最多可避免全球平均升温 0.4 摄氏度（图 8-2）。

1992年通过的《联合国气候变化框架公约》要求缔约国在社会、经济和环境有关政策及行动制定过程中，在可行范围内将气候变化考虑进去。2012年，为控制、削减和防止远距离跨国界空气污染而订立的区域性国际公约《远距离越境空气污染公约》下的《减少酸化、富营养化和地面臭氧议定书》，即《哥德堡议定书》成功修订，涵盖了短寿命气候污染物（特别是细颗粒物、黑炭）和地面臭氧前体（氮氧化物和挥发性有机化合物）的减排义务，欧洲经济委员会在污染物排放和转移登记册数据收集的基础上，补充了温室气体清单核算所需信息，提高了公众对主要温室气体和污染物排放源的认知，推动了环境绩效改善，极大地提升了污染者投资减排设施的意愿。2022年《昆明—蒙特利尔全球生物多样性框架》也推动了保护生物多样性、恢复生态系统对于碳汇的促进作用。

1979年《远距离越境空气污染公约》

> 于1979开放供各国签署，于1983年3月16日生效。
> 是欧洲国家为控制、削减和防止远距离跨国界的空气污染而订立的区域性国际公约。
> **1999年**，公约缔约方取得了新进展，**《减少酸化、富营养化和地面臭氧议定书》（《哥德堡议定书》）** 经过修订，成为第一个具有法律约束力的协议，其中包含减少更广泛的短期气候污染物的义务，特别是细颗粒物，包括黑炭和地面臭氧前体：氮氧化物和挥发性有机化合物，**进一步有助于在应对气候变化方面实现协同效益**。

1985年《保护臭氧层维也纳公约》

> 缔结于1985年，公约约定各缔约方应采取适当措施，**保护人类健康和环境免受人类活动造成的臭氧层变化引起的不利影响。**
> 我国于1989年加入公约，成为公约缔约方。

1987年《关于消耗臭氧层物质的蒙特利尔议定书》

> 于1987年达成，旨在逐步停止生产和使用消耗臭氧层的化学品。
> **议定书实现了巨大的环境效益和健康效益。**
> 我国于1991年加入议定书，成为议定书缔约方。

1992年《联合国气候变化框架公约》

> 1992年通过，1994年正式生效。
> 公约要求在缔约国有关的**社会、经济和环境政策及行动中，在可行的范围内将气候变化考虑进去。**
> 各国应当制定有效的立法；**各种环境方面的标准**、管理目标和优先顺序应当反映其所适用的环境和发展方面情况。
> 我国于1992年批准公约，1993年将批准书交存联合国秘书长处。

2016年《基加利修正案》

> 2016年《蒙特利尔议定书》缔约方达成《基加利修正案》，开启了**协同应对臭氧层耗损和气候变化的历史新篇章。**
> 根据科学评估，履行修正案的管控要求最多可避免全球平均升温0.4摄氏度。
> 我国于2021年成为修正案的第122个缔约方。

2022年《昆明—蒙特利尔全球生物多样性框架》

> 2022年12月18日，《昆明—蒙特利尔全球生物多样性框架》通过。
> 2030年内要实现保护30%的陆地、海洋和内陆水域，恢复30%的退化生态系统。
> 确实农业、水产养殖、渔业和林业领域得到可持续管理，保护和恢复生物多样性。

图 8-2　联合国框架下推动环境和气候全球协同治理

（二）美国将温室气体作为大气污染物实施管控

美国国家环境保护局将"协同效应"定义为在大气污染物和温室气体减排两方面能做到控制一方排放时，存在另一方出现显著降低的情况。美国研究显示，清洁空气行动推动了短期内形成可以量化的健康、农业、福祉、医疗费用、劳动力和经济等效益，通过减少燃烧化石燃料和其他来源的排放来改善空气质量可以改善人类健康并防止经济损失，温室气体减排从长期角度有助于避免灾难性的气候变化。

2007年，美国最高法院对马萨诸塞州诉环保局一案的判决宣布，将温室气体列为《清洁空气法》的管辖范围，这一司法判决为管理温室气体提供了法律依据。《清洁空气法》在第111条中规定，如果一种污染源引起或者显著加剧可能危害公众健康或福利的空气污染，则适用该法。2009年，美国国家环境保护局明确二氧化碳等6类温室气体会对公众健康造成危害，为将《清洁空气法》的管理对象扩展到温室气体扫清了理论障碍。美国国家环境保护局先后于2010年、2011年发布规定，将大型工业固定设施温室气体排放纳入适用于新源的防止空气质量严重恶化许可证，将温室气体纳入排污许可管理范围。2016年，美国环境质量委员会发布了《联邦机构在国家环境政策法审查中考虑温室气体排放和气候变化的最终指南》，将温室气体和气候变化纳入环境影响评价，该指南2017年被撤回，2023年1月又重新临时发布。在美国国家环境保护局的空气质量管理计划中，除了考虑空气质量，也将气候影响考虑在内，该计划可以刻画空气质量管理和减缓气候变化的成因，通过对空气/气候污染对特大城市影响的定性和定量调查结果，制定有针对性的减少空气污染和温室气体的行动和路径。

从多污染物协同治理来看，美国加利福尼亚州一直以来处在领跑者的位置。在对"传统"空气污染的治理中，关键的挑战是对臭氧、氮氧化物和颗粒物的协同治理。加利福尼亚州大洛杉矶地区数十年来一直致力解决这一问题。其综合性污染物治理措施不仅涵盖传统空气污染物，还包括温室气体。据测算，加利福尼亚州的电动化和可再生能源政策可以在2050年减少80%的温室气体排放（与1990年水平相比），同时还可以将$PM_{2.5}$减少33%，氮氧化物减少34%，二氧化硫减少37%，氨减少34%，反应性有机气体减少18%。

（三）加拿大推动建立综合的影响评价制度

加拿大是最早将气候变化因素纳入环境影响评价体系的国家。早在2003年加拿大先后发布了《气候变化纳入环境评价：使用导则》《气候变化因素纳入环境评价：从业者指南》，明确了将气候变化纳入环境影响评价的程序和技术要点，全过程关注温室气体排放和气候变化影响两个方面，围绕温室气体排放，需要评估直接和间接温室气体影响以及对碳汇的影响，围绕气候变化，需要评估气候变化对项目的影响，以及对公众和环境的影响。2019年，加拿大颁布《影响评价法》，明确影响评价需要关注包括环境、健康、社会、经济、气候、可行性、土著群体、可持续性、项目目标、政府承诺等在内的多方面因素，寻求多重目标平衡，支撑社会-经济-环境-气候综合效益最大化。2020年，加拿大环境与气候变化部发布《气候变化战略评价》，细化了温室气体和环境影响协同评价的要点，这之后又发布《关于温室气体净排放量量化、碳汇影响、减缓措施、净零计划和上游温室气体评价的指南》《气候变化适应力评价》《石油和天然气项目最佳温室气体排放绩效指南》等草案支撑《气候变化战略评价》落实。

（四）欧盟将温室气体排放控制纳入环境综合管理体系

欧盟委员会负责制定温室气体和空气污染控制目标，并将控制目标分配给每个欧盟成员国，形成了统筹协调、统一规定、多部门参与的管理模式。欧盟于2018年发布的《温室气体排放监测报告条例》（EU 2018/2066），详细规定了23个工业部门企业温室气体排放监测和报告的标准，利用市场化手段和空气污染控制相类似的方法监管排放源和排放总量。欧盟根据《填埋指令》的要求，出台《填埋气管理指南》，规范填埋气的产生及其收集和处理过程，加强垃圾填埋产生的温室气体及污染气体协同管理。2020年，欧洲环境署研究显示，气候变化和环境污染物是影响欧洲环境变化的两个最重要驱动因素，为了响应《欧洲绿色新政》的呼吁，更好地监测、报告、预防和缓解对空气、水、土壤和消费品的污染，其发布了《空气、水和土壤的零污染行动方案》，致力于到2050年，将空气、水和土壤污染降至不再被认为对健康和自然生态系统有害的水平。欧盟实施排放清单统一管理，根据《监测机制条例》要求，每年的温室气体排放清单报告中必须提交一氧化碳、二氧化硫、氮氧化物和挥发性有机物等大气污染物排放数据，同时温室气体清单编制的技术支持机构通常也是本国大气污染物排放清单的编制单位。

二、国际温室气体与污染物协同治理的启示和借鉴

不同于工业化国家在20世纪60年代以来先经历区域常规污染物治理，再从90年代后进入全球气候治理的进程，广大发展中国家这两个治理过程往往是并行的，温室气体与污染物共治的时间往往长达数十年。大部分发达国家在全球气候变化进入政治议程时基本已经完成了工业化、城

镇化的过程，而发展中国家往往仍处在现代化发展的关键初期阶段，所呈现的排放结构特征也因全球分工不同而与欧美发达国家迥异。

但从碳污治理的科学性来说，发达国家从政策制定、创新工具、管理模式、优化部署等方面为温室气体与污染物协同治理积累了新做法、新经验，并达到了一定的协同治理效果。《欧洲清洁空气计划》《美国综合环境战略》都曾推动过此类协同行动，阿根廷、巴西、墨西哥、菲律宾、日本、韩国都开展了相关政策实践。在欧盟、北美、韩国、新西兰、英国等地实施的碳市场机制，就是参考美国自20世纪90年代以来的二氧化硫排污权交易。相关探索对我国有一定的借鉴意义。

一是加强协同工作的顶层设计，推进法律协同作为减污降碳的基本保障。减污降碳涉及传统的环境、能源、工业、交通、建筑等多个领域，目前只是在《中华人民共和国大气污染防治法》中明确提出了对颗粒物、二氧化硫等污染物与温室气体实施协同控制。在《中华人民共和国节约能源法》《中华人民共和国循环经济促进法》等法律的条文中并没有关于协同减污降碳的明确表述，碳达峰碳中和进程开启后，法律需求更显迫切。结合生态环境法典编纂工作，应对气候变化领域的立法工作还在推进过程中，相关立法及与其他法律的协调将是一个长期的过程。在法律层面需要统一梳理融合相关的法律法规，特别是涉及协同领域的法律，如《中华人民共和国可再生能源法》《中华人民共和国煤炭法》《中华人民共和国电力法》《中华人民共和国循环经济促进法》和碳市场管理条例中修改相关条款，明确提出协同的理念和具体的实施举措，推动各个部门在工作中将减污降碳协同的理念贯穿于实际的工作中，减少各个部门的协调成本。

二是深入理解减污降碳的内在机理，建立一体规划分类实施的工作机制。国际经验表明，大气污染物和温室气体协同治理需要具备相应的实施条件，如协同一致的顶层设计，在规划先行的基础上，实际执行中还需要多个部门和领域的技术专家和法律政策专家持续协助。大气污染和温室气体涉及能源、工业、交通、建筑、农牧业、居民生活等多个领域，并且这些领域的主管机构大多不会集中在一个部门，跨部门的协作也是实现减污降碳协同治理另外一个阻碍。协同治理要求跳出末端治理的传统治理方式，避免由于对传统污染行业的技术改造导致的锁定效应，在政策上需要结合调整产业结构和能源结构，加大清洁能源使用等调控措施。发达国家普遍经历了从单污染管理到多污染物管理，再到跨行业协同管理的过程，随着协同模式维度不断提高，协同的成本也在不断上升。因此，在不同的时期选择不同的协同管理的重点领域，有助于减少不同部门之间协作沟通的成本。

三是密切跟踪协同效应国际发展进程，加强对协同效应评估方法和不同领域的协同研究。探讨协同效应研究的技术路线和方法学，开发和完善适用于我国的协同效应评估模型和评估方法，加强协同控制政策事前、事中和事后定量化研究，根据研究结果选择最佳协同控制措施组合，实施多污染物综合控制。拓宽协同效应研究范畴，在环境、气候、能源等领域开展大协同研究。开展环境与贸易等跨国界问题、大气污染控制技术与能效提升、水资源利用与能源生产、尾气排放控制与交通拥堵缓解、环境政策的健康效益等前沿研究，逐步形成气候-环境-经济-社会等多重效益的协同应对方式。

四是深化拓展协同治理手段和方式，进一步发挥市场机制作用。美国的二氧化硫交易和欧盟碳排放权交易市场对于快速减少污染物和温室气体发挥重要的作用，其制度核心是基于总量管理的配额逐年缩减，最终实现企业的优胜劣汰和达标排放。目前我国排污权、碳排放权和用能权等还处于相互分离的状态，特别是碳排放权交易还处于起步阶段，基于总量的交易机制尚未建立起来，市场预期不明确导致定价机制调节作用不显著。因此，实现碳排放、用能权和排污权市场协同的基础是打通三者之间的部门壁垒，实现数据共享、指标共用和管理共治，提升减污降碳的协同效应。

第三篇

实践篇

减污降碳协同增效是国内外生态环境保护实践和认识的具体的、历史的有机统一。减污和降碳相互联系、相互作用，具有协同增效的内在逻辑和广阔空间。减污降碳协同增效在认识上合理、实践上可行，要坚持系统观念，认识上不断深化对减污降碳协同增效理念的理解和把握，实践上深入开展多领域、多层次协同创新，加大相关体制机制和政策创新力度，大力提升多污染物与温室气体协同治理水平，持续发挥其作为推动经济社会发展全面绿色转型的总抓手作用。

　　减污降碳协同创新是指以减污为牵引强化重点区域、行业和领域减污降碳措施，以降碳为牵引解决环境污染根源性和结构性问题。按照《减污降碳协同增效实施方案》部署要求，地方积极推动重点区域、城市、产业园区、企业等多领域多层次减污降碳协同创新，探索形成了一批各具特色的典型做法和有效模式。本篇结合地方实际总结梳理了不同层面开展减污降碳协同创新工作的经验做法和典型案例，强化交流互鉴，推动减污降碳协同创新工作向纵深发展。

第九章

区域减污降碳协同创新探索

一、聚焦区域重大战略推动减污降碳协同增效

我国聚焦区域重大战略，通过发挥区域重大战略的高质量发展动力源和增长极作用，推动经济社会发展全面绿色转型和减污降碳协同增效。区域重大战略包括党的十八大以来实施的京津冀协同发展、长江经济带发展、粤港澳大湾区建设、长三角一体化发展、黄河流域生态保护和高质量发展等若干区域发展战略。国家重大战略区域、大气污染防治重点区域、重点城市群等相关省（区、市），积极落实《减污降碳协同增效实施方案》，结合本地实际提出具体要求和举措，优化区域产业结构、能源结构、交通运输结构，探索减污降碳协同增效的有效模式，助力实现区域绿色低碳转型发展。

在京津冀协同发展重大战略框架下，京津冀地区以减污降碳协同增效为总抓手，聚焦重点领域、重点区域深入打好污染防治攻坚战。北京市强化京津冀协同共治，以降碳行动进一步深化环境治理，以环境治理助推高质量碳达峰碳中和；推进京津冀区域减污降碳协同创新，加快推动区域能源低碳转型，强化产业与交通领域协同发展，深化区域生态环境联建联防联治。河北省加强与京津减污降碳协同联动，强化技术创新和体制机制创新，推动形成以绿色低碳为特征的区域产业体系和能源体系；加强白洋淀全流域系统治理、协同治理，全面推行"六无"标准，探索流域治理减污降碳协同增效新模式，支持大气污染重点传输通道城市开展区域减污降碳协同增效试点。

长三角地区将应对气候变化纳入长三角区域生态环境保护协作机制，构建一体化的推进减污降碳体系，推动环境污染治理与减污降碳协同增效、环境修复与生态碳库建设协同增效，建立环境治理与生态修复协同工作机制。上海市依托长三角区域一体化发展、长江经济带生态大保护等国家战略和推进机制，深入推进与国内相关省（区、市）在绿色低碳发展方面的合作，积极探索区域碳减排市场机制。江苏省以长三角一体化发展为引领，在示范区率先建设一批绿色低碳示范片区、园区、社区和项目，彰显区域标杆特色样板，积极探索省内不同区域减污降碳推进机制。安徽省积极参与长三角地区"碳普惠"机制联动建设，立足长三角区域生态环境共保联治，加快探索区域减污降碳协同增效有效模式。

立足粤港澳大湾区建设重大战略机遇，广东省将推动大湾区减污降碳先行先试作为重点任务，依托横琴、前海、南沙等重大合作平台，加快区域绿色低碳发展政策、科技、模式等创新，探索减污降碳协同增效有效模式；推动粤港澳大湾区绿色金融标准互认共认，促进区域减污降碳协同增效。

成渝地区双城经济圈建设中，重庆市逐步将碳达峰碳中和目标统筹纳入成渝地区双城经济圈"三线一单"生态环境分区管控制度体系；推动成渝地区双城经济圈"无废城市"协同降碳试点，树立区域减污降碳协同创新标杆。四川省强化成渝地区生态环境保护联防联控，深化清洁能源产业、温室气体减排、"无废城市"建设、生态产品价值实现等领域合作。

二、浙江省减污降碳协同创新区建设

2022年9月，生态环境部支持浙江省开展减污降碳协同创新区建设，于同年11月印发了第一批试点任务清单。自创新区建设启动以来，浙江省聚焦探索降碳与治气治水治废等协同解决方案，着力开展城市、区县、园区和企业等多层次、多领域协同创新，建立减污降碳协同管理长效机

制和综合评价机制，推动形成有效激励约束，分四批组织
10个设区市、41个县（市、区）、61个园区开展减污降碳
协同创新试点建设，建设234个减污降碳协同标杆项目。试
点实施一年来，浙江省减污降碳协同创新区建设取得积极
进展和明显成效，形成了一批试点成果和经验做法。

（一）全面推动，强化部门协作

浙江省委省政府将减污降碳协同创新工作作为"牵一
发动全身"的重大改革任务，成立浙江省减污降碳协同创
新区建设工作专班，成员包括19个省级单位，通过任务清
单化、清单责任化、责任闭环化推进创新区建设。浙江省
应对气候变化及节能减排工作联席会议办公室组织召开全
省减污降碳协同创新区建设现场会，凝聚各地市、各部门
推进创新区建设共识。

浙江省印发《浙江省减污降碳协同创新区建设实施方
案》，按照"协同增效、源头防控，政府主导、市场激
励，科技引领、优化路径，数字赋能、机制创新"4项原
则，提出8方面29项具体工作任务，明确创新区建设的时间
表、路线图。探索发布《浙江省减污降碳协同创新区建设
蓝皮书（2023年）》，总结创新区建设进展及成效。

（二）指数引领，用好"指挥棒"

创新发布减污降碳协同指数，从协同效果、协同路

径、协同管理3个维度，建立6项一级指标、16项二级指标和24项三级指标，并结合实际工作持续完善指标体系内容，实现对地市减污降碳协同效果和措施进展的定量化跟踪、评估、反馈。嘉兴、湖州、温州等地发布县（市、区）减污降碳协同指数，舟山市构建石化行业减污降碳协同评价指标，杭州市余杭区创建企业减污降碳协同指数。

浙江省生态环境厅按季度对11个设区市减污降碳协同效果和措施进展开展量化评价，公开发布评价结果，并纳入设区市污染防治攻坚战成效考核和美丽浙江建设考核，指导各地区优化调整推进策略，成为牵引创新区建设的"牛鼻子"。

（三）创新政策，实施多元激励

浙江省建立减污降碳协同试点财政专项资金补助机制，对城市和园区试点提供基础补助资金，同时设立"赛马"激励资金，在试点建设期满后开展"赛马"评比，根据试点建设成效分级实施差异化激励，截至2023年年底已累计发放财政资金8405.8万元。浙江省生态环境厅会同中国人民银行杭州中心支行（现为中国人民银行浙江省分行）等单位印发《关于金融支持减污降碳协同的指导意见》，提出加大绿色信贷投放、支持发行绿色债券、设立绿色发展基金、创新环境权益类金融产品、建立减污降碳协同项目库等政策举措，推动金融资源向低碳高效项目培育、高碳企业低碳化转型、减污降碳技术研发应用等领域集中。

深化环境要素市场化配置改革，实现排污权交易省、市、县区域全覆盖、主要污染物全覆盖、工业重点排污单位全覆盖，排污权有偿使用和交易金额累计达 164 亿元。探索建设浙江省碳普惠交易市场，印发《浙江省用于大型活动（会议）碳中和的碳普惠减排量管理办法（试行）》，明确和规范省级碳普惠减排量开发、审核、备案和注销流程。

（四）数字智治，赋能协同治理

浙江省率先开发上线"减污降碳在线"应用场景，建设"一本账""一体考""一链管""一体配置""一体分析""一键达"六大子场景，初步实现减污降碳协同数据管理、评价考核、试点建设、资源配置、形势分析、咨询服务等一网集成，形成"在线监测、指数评价、超标预警、技术服务、整改提升"的管理闭环体系。衢州市率先建成工业、农业、林业、能源、建筑、交通和居民生活七大领域碳账户，构建一整套碳排放数据采集、核算、等级评价和场景应用体系。

"减污降碳在线"应用场景在浙江省、市、县三级全面应用，纳入管理企业2.3万余家，集成污染物数据5000余万条、碳排放数据近50万条。同时延伸服务企业触角，上线"减污降碳浙里来"应用，参考"小红书"模式，以"原创社区+社交"的社交传播模式，打造集技术分享、案例展示、平台服务于一体的企业技术产业服务社区。

（五）平台共享，推广经验做法

浙江省打造减污降碳协同先进经验推广平台，面向省内生态环境部门和企业，提供案例"推广+学习"双向服务，建立省内地市先进经验分享渠道，提升减污降碳协同治理成果转化推广能力。浙江省积极推介杭州减污降碳协同亚运、嘉兴港区减污降碳协同创新路径、杭州湾上虞开发区减污降碳数字孪生应用、宁波石化经开区减污降碳协同治理等典型案例，促进经验分享和交流互鉴。

第十章

城市减污降碳协同创新探索

城市是减污降碳协同创新的重要主体。一些城市根据自身实际情况，结合美丽城市、无废城市、低碳城市、再生水循环利用试点城市、气候投融资试点城市等试点示范工作中，更加突出减污降碳协同增效理念和行动，积极探索不同类型城市开展减污降碳协同创新试点。围绕创新减污降碳协同政策体系、创新减污降碳协同减排路径、创新减污降碳协同管理机制，深入开展工业、交通运输、农业、城乡建设等重点领域协同创新，形成了许多行之有效、各具特色的实践案例。

一、创新减污降碳协同政策机制

积极利用生态环境法规标准、生态环境分区管控、环境影响评价、排污许可、财税激励及投融资等相关政策工具，推进污染物和温室气体协同控制，推进数字技术在减污降碳协同管理方面的应用，形成一体设计和推进的政策机制。

重庆市积极创新固定源管理。重庆市利用排污许可制衔接碳排放管理，组织纳入碳市场管理的180余家企业，在排污许可证中纳入企业上年度碳排放数据、碳排放管理和履约要求等信息，实现"一证融合"，初步建立起发证审查碳排放、检查覆盖碳排放的工作链条。北碚区将碳排放信息纳入生态环境"双随机、一公开"监督工作随机抽查事项清单，一并对纳入碳市场管理的重点碳排放单位年度履约情况进行抽查，形成监管合力。

湖南省湘潭市探索"三线一单"协同管控。湖南省湘潭市作为全国首批"三线一单"减污降碳协同管控试点，形成了"五个一"成果，包括一张碳排放相关工作底图，一张大气污染、碳排放和碳汇一体化的空间数据清单，一张重点行业推荐低碳技术清单，一张能够精准识别碳排放和大气排放的重点领域、重点行业、重点区域的清单，一张持续分区分类差异化优化生态环境准入清单，为推动全市减污降碳协同管控起到了积极作用。

杭州市余杭区数字赋能减污降碳管理。浙江省杭州市余杭区针对排放家底不明确、减污降碳管理协同性不足、企业降碳路径不清晰等主要问题，建设并上线"余杭碳眼"减污降碳协同管理特色场景应用，集成电力消耗、水资源消耗、大气污染物排放、固体废物产生量等252项数据，搭建"碳普查""碳分析""碳管理""碳服务"4个子场景，实现污染物及碳排放情况动态监测、科学评估、协同管理。截至2022年年底，已建立重点企业排放账户636家，占规模以上企业及排污许可重点管理企业总数的88%。

二、推动能源绿色低碳转型

统筹能源安全和绿色低碳发展，推动煤炭清洁高效利用，发展可再生能源，优化天然气使用方式，优先保障居民用气，有序推进工业燃煤和农业用煤天然气替代，促进能源供给体系清洁化低碳化和终端能源消费电气化。

北京城市副中心探索多能耦合。北京城市副中心（通州区）深耕能源、建筑领域减污降碳，各组团因地制宜进行地下空间开发利用，优化配置市政热力（燃气锅炉）系统、蓄冷系统及冷水机组系统容量，在城市新建建筑和既有建筑更新中大力推广可再生能源利用技术，推动能源负荷侧与供应侧深度融合、统筹优化，实现了技术的规模化应用。经测算，北京城市副中心政务服务大厅项目浅层地源热泵+分布式光伏系统每年可减少二氧化碳排放超4200吨；北投大厦地源热泵+分布式光伏系统每年可减少二氧化碳排放约1350吨。

湖南省醴陵市推动陶瓷产业节能降耗。陶瓷产业既是湖南省醴陵市的特色优势产业，也是能源消耗大户，其能耗占规模企业能耗的60%~70%。醴陵市从政策引导、资金扶持、能源优化、技术创新等方面共同发力，出台产业突围绿色转型鼓励政策，设定陶瓷产业能耗增量控制、能耗强度控制"双控"目标，建立"两高"项目清单，探索"煤改气—电代气—新能源利用"三段式能源替代模式，推动陶瓷全产业链综合能耗下降15%以上，节能水平稳居全国第一方阵，成为陶瓷产业节能降耗典型。

三、强化工业领域协同增效

结合传统产业转型升级，通过政策激励、提升标准、鼓励先进、科技服务等手段，加大重点行业清洁生产改造与环境综合整治，加快工业领域源头减排、过程控制、末端治理、综合利用全流程绿色发展，鼓励重点行业企业探索采用多污染物和温室气体协同控制技术工艺，开展协同创新。

江苏省江阴市大力推进印染行业集聚提优。围绕"高新化、智能化、绿色化"发展要求，加快推进4个印染集聚区建设，严格入园准则，按最高标准确定污水排放，制定关停淘汰引导标准，实现治污水平提升、经济效益提升、环境质量提升、用地面积减半、总氮总磷排放总量减半、企业数量减半的"三提升三减半"。推进重污染行业提升改造。实施钢铁行业超低排放改造，开展有组织排放、无组织排放及清洁运输改造。推进化工行业整治提升，统筹优化临港化工园区规划，2022年以来关停化工企业15家。推进工业园区升级改造，腾退土地2万亩①，整治"散乱污"企业149家，临港开发区建设沿江首个零碳产业园，整县分布式光伏开发试点新增并网容量200兆瓦，年节能8万吨标准煤。

福建省厦门市为企业量身定制减污降碳协同增效技术路线。厦门市积极推动试点企业建立以主要负责人为第一责任人、各部门主管参与的"减污降碳长效机制"工作小组。建立"一企一档"，摸清企业能源消费、主要污染物排放因子和温室气体排放种类等状况。实施"一企一策"，分析企业生产过程的减污潜力和降碳空间的协同作用机制，编制减污降碳协同增效的技术和管理改善工作方案。算清"一企一账"，为企业量身定制减污降碳协同增效技术路线，指导企业预估节能、降耗、污染物减排等效益，从实际利益和绿色发展需求提升企业主动性、积极性。

广东省佛山市整合纺织印染企业协同绿色发展。佛山市高明区的纺织印染产业是其优势传统行业，但因企业建设年代早、分布零散、生产和污染治理设备老旧等因素原地迭代升级难，资源消耗大、用地效益低、治污水平差、监管难度大等问题日益突出。高明区将9家印染企业整合进驻到秋盈纺织生态科技产业园，并与其他5家印染企业实现

---

① 1亩≈666.7米²。

传统制造业聚集化发展。企业升级使用低浴比染色机等先进设备，结合余压余热回收和变频调节用电等手段减少水、电、热使用量，节约电能约436万千瓦时/年，节约蒸汽消耗11万吨/年，有效减少二氧化硫排放量25吨/年、氮氧化物排放量123吨/年、污水产生量165万吨/年。

深圳市龙岗区加强电镀企业减污降碳协同增效指引。龙岗区成立"减污降碳"先锋服务队，综合梳理辖区近50家电镀企业基本情况，筛选出试点企业进行试验，全周期、全链条、全要素、全方位诊断分析企业生产运营全过程的产污治污、碳排放情况，指导帮扶企业优化生产工艺与流程，创新污染治理路径，最终实现污染物、碳排放量"双降"，产品质量、价格"双升"。基于此，龙岗区出台《龙岗区电镀行业减污降碳协同增效指引（试行）》，为企业送上操作指南。

四、建设绿色低碳交通运输体系

加快推进"公转铁""公转水"，推广使用新能源汽车，完善充换电基础设施服务网络，有序推动老旧车辆替换为新能源车辆和非道路移动机械使用新能源清洁能源动力，探索开展中重型电动、燃料电池货车示范应用和商业化运营。

唐山市加快推动绿色新能源重卡更新替代。唐山市以重点行业"创A"工作为契机，引导企业开展新能源重卡更新替代，提高清洁运输水平。不断完善政策支撑体系，先后制定出台《唐山市新能源汽车换电模式应用试点实施方案》《唐山市绿色能源体系发展实施方案》等一系列政策文件，有力推进新能源重卡的推广应用。采取"以市场换产业"方式引进重点车企落户建厂，搭建新能源重卡融资租赁平台，实施"租售并举"支持新能源车替换。逐步完善充电桩、换电站、加氢站布局，构建"南北三纵、东西一横"的核心运输场景，搭建城市级干线充换电网络。截至2024年9月，唐山市累计推广新能源重卡14281辆（其中，电动12717辆，氢能1564辆），数量位居全国地级市第一，年可减排氮氧化物（NO_x）、碳氢化合物（HC）、颗粒物（PM）、二氧化碳（CO_2）分别为5056.6吨、138.2吨、32.1吨、15.5万吨。

河南省郑州市特种车辆驶入减污降碳新赛道。"3+2"特种车辆，即渣土车、混凝土搅拌车、重型柴油货车（含环卫车）等3类重型车辆，出租车（含网约车）、轻型城市配送物流车等2类轻型车辆，均是对郑州市中心城区空气质量影响较大的高频行驶车辆。河南省郑州市以"3+2"特种车辆新能源替代为契机，大力发展新能源车产业，研究出台鼓励老旧车辆提前淘汰更新为新能源汽车财政奖励政策，鼓励省市重点项目优先使用新能源车辆，并开放新能源特种车辆路权。截至2022年年底，郑州市新能源混凝土运输车达到1713台，保有量位于全国第一；新能源渣土车达到1400台，保有量位于全国前列；新能源出租车达到3.35万辆，新能源占比76%，其中巡游出租车1.18万辆全部新能源化；公交车达到6717辆，全部实现新能源替代；新能源物流车达到2.39万辆。

五、推进城乡建设绿色发展

统筹规划、建设、管理三大环节，统筹城镇和乡村建设，优化空间布局，加强城乡资源能源节约集约利用，多措并举提高绿色建筑比例，推动超低能耗建筑、近零碳建筑规模化发展。在农村人居环境整治提升中统筹考虑减污降碳要求。

浙江省杭州市推进减污降碳协同创新试点工作，打造绿色亚运标志性成果。杭州实施亚运会绿色行动，将减污降碳协同创新融入亚运会建设全过程，全力打造绿色亚运标志性成果。亚运会场馆设计和施工环节引入减污降碳协同创新理念，改建或临建场馆占比超75%，优先使用装配式建筑与可循环、可再生材料，物资回收利用率不低于50%，固体废物100%可以安全无害化处理。通过绿色电力交易和购买"绿色电力证书"等方式实现亚运场馆及办公场地100%绿色电能供应。印发《亚运城市绿色与智慧交通年建设行动方案》，以城市大脑为载体，利用云计算、大数据等技术，实现智慧交通治理。2000余辆亚运会官方服务车辆均为新能源汽车，为赛会期间交通出行带来更环保的选择。发布首个"无废赛事"实施指南，推动各类固体废物能减尽减、可用尽用和100%安全无害处置。

六、促进农业碳污协同控制

大力推行农业绿色生产方式，深入实施化肥农药减量增效行动，加强农业面源污染防治，提升秸秆、畜禽粪污等废弃物综合利用水平，适度发展稻渔综合种养、渔光一体、鱼菜共生等多层次综合水产养殖，大力推广生物质能、太阳能等绿色用能模式，加快农村取暖炊事、农业及农产品加工设施等可再生能源替代。

上海市金山区立足农业有机废弃物资源化，协同推进减污降碳。上海市金山区廊下镇低碳农业发展实践区结合自身农业大镇特点，将减污降碳协同增效和生态循环化理念贯彻于农业生产全过程，从农业农村有机废弃物高效处理和资源化利用着手，开展畜禽粪污资源化利用、农业节能减排、精细化管理，推进农业废弃物与农业产品之间再生循环，实现农业废弃物减量化、低碳化、资源化，减少农业活动温室气体排放。经测算，截至2023年8月，共减排二氧化碳约1.3万吨，实现秸秆回收约1800吨，节约120吨化肥施用，对土壤和水污染防治起到有效作用。

第十一章

产业园区减污降碳协同创新探索

产业园区是我国重要的工业生产空间和主要布局方式，对全国经济的贡献率在30%以上，既是资源与能源集中消耗的大户，也是工业领域污染防治的主战场。产业园区根据自身主导产业和污染物、碳排放水平，结合生态工业园区、循环经济产业园区、低碳工业园区、"无废园区"以及绿色工业园区等建设中，更加突出减污降碳协同创新要求，开展重点行业企业减污降碳协同创新，鼓励企业采取工艺改进、能源替代、节能提效、综合治理等措施，实现污染物和温室气体排放均达到行业先进水平。围绕探索协同减排技术路径、探索协同创新管理体系、探索基础设施协同模式，深入开展石化、化工、钢铁、纺织、食品加工等传统产业，生物医药、汽车制造等特色产业的协同试点工作，初步形成了一批实践成果。

一、强化产业共生循环发展

基于园区物质流、能量流分析，优化资源能源配置结构，促进推动项目间、企业间、产业间的资源高效传输与循环利用，大力推进生态工业园区建设，充分发挥节约资源和减污降碳的协同作用，降低废弃物和污染物产生量。

（一）加强清洁生产审核，推动企业循环式生产

针对钢铁、焦化、建材、有色金属、石化化工、印染、造纸、化学原料药、电镀、农副食品加工、工业涂装、包装印刷等重点行业为主的园区，引进新的清洁生产技术和设备，从系统工程和全生命周期角度开展清洁生产审核和改造。杭州湾上虞经济技术开发区针对染料传统技术间歇生产效率低、产率低、产废量大等难题，鼓励化工企业通过推广应用新技术、新工艺，实现源头减污降碳。上虞经开区目前采用微通道反应器、管式反应器等先进工艺技术的工业化应用企业26家，实现反应效率大幅提高、物料单耗明显下降、安全环保更加可靠。平均每家企业二氧化碳排放下降20.8%，固体废物源头减量38.4%，单位能耗工业产值增加14.6%。

（二）构建循环产业链，推动互补式组合

立足园区主导产业，按照"横向耦合、纵向延伸、循

环链接"原则，建设和引进关键项目，合理延伸产业链，切实提高资源产出率。宁波石化经济技术开发区加强资源深度加工、伴生产品加工利用、副产物综合利用，积极构建并逐步形成以烯烃、芳烃产品链为主导，以石化副产品综合利用、副产/基础化工综合利用为辅助的四大循环产业链。例如，镇海炼化生产乙烯、丙烯、苯等10多种产品供应给园区内其他企业，多家企业的氢气、二氧化碳等实现互供。朝阳循环经济产业园不断推进资源高效利用、综合利用，构建不同废弃物处置项目间的产业链条，打造能源、水资源的集中供应体系，打通项目间的能源流、物质流，通过不断地强链、补链、固链，形成区内产业协同、能源资源梯次利用、物质循环利用的发展态势。处理各类垃圾2000余万吨，上网发电30余亿千瓦时。园区实现自给自足，经过处理后产生的水、电、气、热，都成了可循环利用的资源。

（三）扩展物质能源循环，推动区域循环链接

加强园区与周边社会、城市系统及区域周边园区的链接循环。通过社会大循环体系的建立，充分利用资源能源，拓展物质、能量等的循环利用空间，营造良好的生态氛围。金华市赤岸镇绿色低碳循环产业园将生活垃圾处理及传统造纸、印染产业废弃物处置与能源供给需求相耦合，在物质区域循环层面，以废弃物资源化利用为核心，

构建全社会废纸、生活垃圾、城镇污泥等资源回收、处置、利用的循环体系；在能源区域循环层面，把固体废物转化为热能、电能，向园区和周边用能企业供给气冷电，形成社会层面外循环。

二、探索基础设施协同模式

加强绿色基础设施建设是促进工业园区减污降碳发展的重要手段。基础设施对园区物质、能量和环境管理的带动作用明显，提高园区基础设施建设水平和服务能级，可实现物质循环回收、能量梯级利用、信息互通共享。

（一）推进关键领域基础设施绿色低碳优化

1. 构建清洁低碳安全高效的供用能体系

严格控制化石能源消费增长。基于园区所在区域的资源能源禀赋，支持在自有场所建设分布式清洁能源系统。推动能源梯级利用。构建清洁供热体系，加强蒸汽安全稳定的供应保障。

天津经济技术开发区积极推动能源绿色低碳转型。一方面，持续推动供热系统煤改燃工作，2022年淘汰10台燃煤锅炉累计835蒸吨，实现削减煤炭消费32万吨/年，减少大气污染物421吨/年，减少二氧化碳排放45万吨/年；另一方面，不断提升清洁能源供给能力。利用工业屋顶面积，系统谋划260兆瓦分布式光伏项目，并配套建设53.5兆瓦时储能项目。

此外，广州南沙经济技术开发区积极推动智慧能源工程，建设"多位一体"微能源网示范项目，提升园区能源利用效率，保障园区能源安全。结合南沙的气候特点和地质特点，建成固体氧化物燃料电池、太阳能集热系统、基岩储能系统多能互补的综合能源系统。在大幅降低园区化石能源消费之余，利用智慧能源管理系统指导运行，将整体能源利用率提高到80%以上，预计可使园区每年减碳200吨。该项目配置了光伏发电系统、电池储能系统、溴化锂制冷机组、电动汽车双向充电桩等，构建了冷、热、电、气、交通多能流网络，可以实现多能源互联互通、梯级利用，实现"源-网-荷-储"有机互动，满足了园区用户多元能源需求。

2. 推进建筑节能与绿色建筑发展

引导和落实新建项目执行绿色建筑标准，推进绿色建筑规模化。积极推动智慧建筑技术在住区、办公等场景应用，提高建筑智慧化管理水平。合肥高新技术产业开发区大力推广低碳建筑。对既有建筑逐步实施节能改造和功能提升，采用绿色建材，园区新建公共建筑中绿色建筑的比例达到100%。

3. 构建园区生态碳汇基础设施

结合园区地貌形态和原生植物特点，加强园区自然生境保护，多途径增加绿化空间，建设不同层次的生态碳汇系统。发挥园区植物碳汇在净化污染、改善环境质量、保护生物多样性，以及提升园区生态系统质量和稳定性等方面的作用。无锡市锡山经济技术开发区新材料产业园通过加强绿化与生态修复以及加强园林防护林带建设，全面构建园区碳汇系统，在净化污染、改善环境质量的同时，为野生动物如鸟类等提供栖息场所。

（二）推进关键要素治理设施升级改造

在污染治理方面，以协同为原则，大力推进治理工艺和技术创新，把环境要素协同治理作为减污降碳的重要路径，推动污染物和温室气体上下游协同、全要素共治。

1. 促进污水集中处理节能降耗

开展园区污水零直排区建设攻坚行动。连云港徐圩新区建成一体化水环境治理中心，探索废水近零排放全新模式。徐圩新区于2018—2021年重点打造集污水集中处理、第三方治理、再生回用、高盐废水于一体的综合治理中心。作为全国单体规模最大的工业污水集中再生回用中心，工业废水综合治理中心兼顾污水净化和循环，实现污水70%回用。此外，宜兴经济技术开发区加强水资源高效利用、循环利用。积极开展雨水、再生水等非常规水资源利用，并将污水处理厂再生水纳入区域水资源统一配置，为厂区上游企业冷却塔补水、解决厂区范围绿化用水等。

此外，推进污水处理节能降耗项目，提高能源资源回收率。潍坊市临朐县城关街道工业园区以潍坊伊利乳业有限责任公司自备污水处理厂为试点，推进污水处理流程实现碳中和。污水处理厂购置高效磁悬浮风机代替罗茨鼓风机，降低电耗和噪声；同时在厂区安装分布式光伏，通过自产绿电降低电力消耗造成的排放；针对污水处理环节产生的沼气，购置了沼气锅炉，通过利用沼气产生蒸汽，每年节约977.82吨标准煤；污水处理厂将再生水回收利用，同时推动剩余污泥零化项目，降低了污泥运输和处理过程的环境影响，实现了污水处理过程近零碳排放。

2. 提升固体废物处理处置水平

以"无废园区"建设为抓手，推动固体废物资源化利用。金华市赤岸镇园区针对园区内垃圾焚烧厂产生的大量炉渣，建设炉渣综合利用项目，包含2条日处理规模600吨的炉渣处理生产线和环保砖生产线，有效处理生活垃圾和污泥干化焚烧后的废渣，将废渣应用于环保砖和建筑骨料生产，实现了废物资源化利用。

针对危险废物推进精细化管理，探索"点对点"利用豁免管理，打通企业间资源化利用渠道。鼓励危险废物产生量大、种类单一的企业和园区自建规范化的危险废物利用处置设施。南通市经济技术开发区基于区内危险废物产生情况，推动自建危险废物处置利用设施。积极推进醋酸化工3.5万吨/年危险废物焚烧项目、江山农化新建3万吨/年危险废物焚烧项目、星辰合成材料新建1万吨/年危险废物焚烧项目建设，危险废物自行处置利用能力得到大幅提升。通过企业自建危险废物处置利用设施、区内危险废物定向利用等方式，开发区危险废物贮存量由2018年年底的8300吨减少至2022年年底的2600吨，区内危险废物自行处置利用率由2020年的51.1%提升至2022年的68.8%。

3. 加强大气治理工艺设备优化

大力推进末端治理工艺和技术创新，优化治理技术路线，减少废气无组织排放。台州湾经济技术开发区医化园区开展废气源头分质分类收集、源头密闭化改造和强化废气预处理。新增大孔树脂回收、有机渗透膜吸收装置等废气预处理治理设施，推进厌氧废气进蓄热式焚烧炉（RTO）安全焚烧，2021年挥发性有机物减排约2000吨，折算减少二氧化碳约6.7万吨。此外，园区推动二氧化碳捕集、利用与封存（CCUS）技术研发和转化应用试点。采用"变温吸附+VPSA低压变压吸附+催化氧化+低温精馏"生产工艺，回收天然气制氢和甲醇制氢排放的二氧化碳，产品纯度为99.9998%。该技术比常规变压吸附二氧化碳回收技术能耗低约50%，回收率达到95%，每年可回收二氧化碳约3万吨，增加收益450万元/年。

三、提升碳污协同监管能力

统筹协调园区排污许可、资源能源消耗、碳排放等控制要求，应用数字化和信息化技术，加强园区污染物和碳排放数据的监测、统计、核算、报告，逐步加强污染物和温室气体协同管控能力。

（一）提升减污降碳协同监测核算水平

开展减污降碳协同监测，加强园区污染物和温室气体排放源的统计调查，科学布设园区污染物和温室气体监测点位。建立污染物和温室气体排放融合清单，推进污染物和温室气体总量核算。建设园区污染物及碳排放信息管理平台，建立污染物及温室气体排放信息共享、联动机制。无锡宜兴经济开发区（以下简称经开区）以限值限量管理为基础，不断提升园区碳污总量核算能力。经开区于2021年开始编制污染物排放限值限量管理实施方案。以2020年为基准年，核算了园区大气污染物、水污染物和温室气体排放总量。基于环境质量在线监测和手工监测数据，结合区域环境质量改善目标，在园区环境质量达标的前提下，科学确定园区许可总量，水污染排放总量以园区污水处理厂处理能力为上限，大气污染物排放总量以所有企业许可排放总量之和为上限。实现了园区碳污排放总量控制。

（二）构建减污降碳智慧化管理平台

通过物联网、互联网和云计算等技术，推动工业园区减污降碳管理业务的信息化、现代化、专业化，统筹污染物与碳排放数据，探索数据协同增效分析。杭州湾上虞经济技术开发区纵向贯通浙江省减污降碳在线平台等，横向融合智慧环保监管等数据，新装能耗监控装置82套，全覆盖加密污染源在线监控设备186台，形成可实时感知、及时预警的感知系统，真正实现"无时不在、无事不扰"。打通数据壁垒，归集9个部门19类数据，集成污染物排放、环境监测、异味感知体系等污染物监测数据；集成企业纳税、企业能源消费、企业产值、园区"十四五"规划目标等园区等的企业发展数据；集成新企业引入、新项目开发、生产技改实施等项目数据；集成企业原辅料、产品、危险废物等企业资源数据。

（三）拓展减污降碳数据分析应用场景

统筹考虑经济发展、环境改善、污染防治、碳排放控制等多个维度，建立减污降碳数据库，构建减污降碳评价体系，实现对协同效果和措施进展的定量化跟踪、评估和反馈。杭州湾上虞经济技术开发区以减污降碳协同增效指标体系为依托，从污染物排放、碳排放、资源化利用等8个维度，科学合理设计分析模型，首创企业层级减污降碳协同指数评价体系。以评价分析、资源协同、项目研判、要素市场4个场景为载体，引入"红黄绿"三色评价标准，设置智能诊断系统，否决高耗低效项目15个，改造提升存量项目8个，实现全流程减污降碳协同增效。

第十二章

重点行业减污降碳协同创新探索

工业是我国国民经济的主导产业、能源资源消耗和环境污染排放的重点领域，也是碳排放大户。电力、钢铁、造纸、有色金属、石化、化工、建材等行业碳排放占全国工业排放量的75%左右，是实现工业领域减污降碳协同增效必须要抓住的"牛鼻子"。目前，各个行业结合自身实际特点，持续推进能源结构和产业结构调整，聚焦清洁能源替代、低碳产品开发、协同治理工艺升级改造、原料替代技术推广等关键举措探索重点行业减污降碳协同创新实践，积累了有益经验。

一、推动钢铁行业减污降碳协同增效

钢铁行业是我国国民经济的重要基础产业，2023年我国粗钢产量为10.19亿吨，占全球粗钢总产量的54%。钢铁生产过程是涵盖多工序、多控制层级的大型复杂工业流程，包括烧结、球团、焦炉、高炉、转炉等多道生产工序。目前，钢铁行业主要通过清洁能源替代、提升短流程炼钢比例、优化炉料结构、创新低碳冶炼技术和余能余热余压综合利用等措施，推进减污降碳协同增效，提升行业发展绿色化水平。

（一）源头协同

推动清洁能源源头替代。连云港市某钢铁企业充分利用厂区闲置区域，率先采用柔性组件与传统组件相结合的方式推进屋顶分布式光伏项目建设。项目采用"自发自用，余电上网"模式，安装5904块标准功率545瓦的单晶硅光伏板，总装机容量3.214兆瓦，发电后就近接入负荷侧进行消纳，年发电量为353万千瓦时，等效满负荷利用1104小时。经测算，一期工程接入发电后，企业每年可节省电费约80万元，年节约标准煤约1300吨，减少二氧化碳排放约2617吨，为企业带来可观的经济效益与环境效益。

积极发展电炉短流程炼钢。天津市某钢铁集团加快推进长流程工序（矿石—烧结—高炉炼铁—转炉炼钢）改造成短流程工序（废钢—电炉冶炼）（图12-1）。在炼钢总产能不变的前提下，将一座炼钢转炉置换成两座现代化节能智慧型电炉，同时淘汰两座588立方米高炉和一台200

平方米烧结机。经初步测算，与原长流程相比，短流程吨钢综合能耗降低 50%，水耗降低 40%，碳减排 48%，颗粒物、二氧化硫、氮氧化物等主要污染物排放量减少 70%。按照电炉钢年产量 130 万吨计算，每年可减少碳排放约 106 万吨，各类污染物排放量降低约 112 吨。

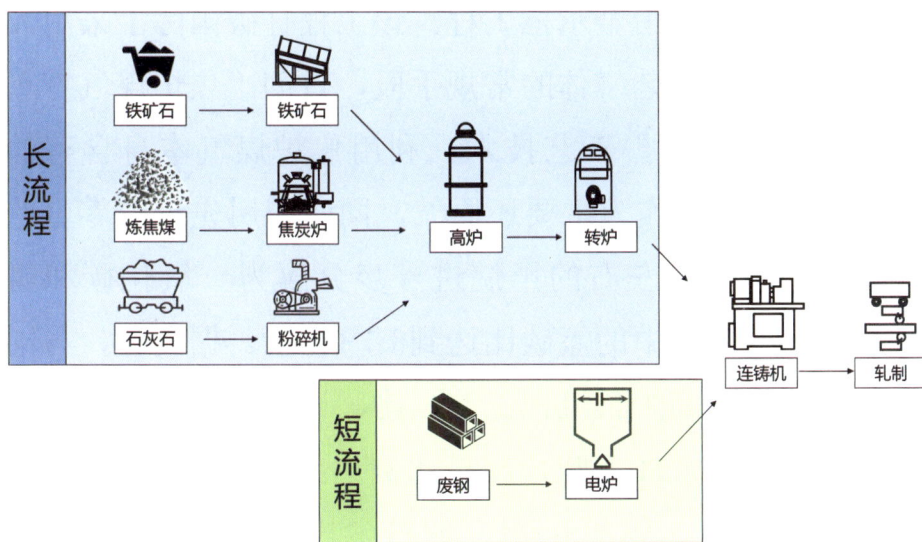

图 12-1 钢铁行业长流程与短流程对比

优化高炉炉料结构。唐山市某钢铁企业充分发挥大型高炉技术、装备优势，成功开发了带式焙烧机高铁低硅碱性球团矿，其3座5500立方米高炉通过优化炉料结构、采用高炉煤气干法除尘技术、回收高炉炉顶均压煤气、降低电耗等节能措施，提高优质球团矿入炉比例，减少污染物排放和降低工序能耗。据测算，相比烧结矿，使用球团矿该企业每年可减少二氧化碳排放70万吨以上，氮氧化物、二氧化硫和一氧化碳等污染物减少90万吨以上。

（二）过程协同

创新低碳冶炼技术。石家庄市某钢铁集团坚持破立并举、创新驱动，率先启动建设全球首例120万吨以焦炉煤气为还原气体的氢冶金示范工程。该工程打破国际上采用天然气制备还原工艺气体的常规手段，首创"焦炉煤气零重整竖炉直接还原"工艺技术，利用焦炉煤气本身含有的60%左右的氢气作为主要还原气，同时应用先进的零重整技术，将其20%左右的甲烷进一步分解为一氧化碳和氢气，使还原气体中的氢碳比达到8：1以上。据测算，与同等生产规模的高炉长流程工艺相比，该工程一期每年可减少二氧化碳排放80万吨，减排比例达到70%以上，主要污染物二氧化硫、氮氧化物、烟粉尘排放分别减少30%、70%和80%以上。

开展余能余热余压回收利用。余热资源的高效回收利用是钢铁工业实现"双碳"目标和高质量可持续发展的重要途径。宁波市某钢铁企业创新利用"负能炼钢"工艺技术（具体工艺主要包括干熄焦及余热发电、烧结环冷机余热回收高炉炉顶余压发电等），加强转炉炼钢生产中的煤气和蒸汽回收，整个工序能耗最高实现"−26千克标准煤"。经测算，该企业焦化厂上升管余热回收项目建成投运后，每年可回收荒煤气余热产生蒸汽11.45万吨，节约标准煤约1万吨，减少二氧化碳排放约2.6万吨。

（三）末端协同

实施超低排放改造。某钢铁集团2018年以来持续开展有组织、无组织、清洁运输等超低排放改造治理工程，提升污染物排放管理水平。通过深度治理，各类污染物排放达到国内一流标准，远低于国家排放限值，达到国家环保绩效A类企业水平。经初步评估，2022年，该钢铁集团颗粒物、二氧化硫、氮氧化物等主要污染物排放总量比超低排放改造实施前降低49%以上。

（四）管理协同

加快智能化、数字化转型。天津市某钢铁集团加快智能制造步伐，全力推进"5G+"数字化工厂建设，以全过程数字化管控实现智慧减污降碳。"智慧大脑"一期工程依托数字化"碳"管控平台，优化工厂的用电、用水、用气等资源消耗，降低产品制造过程中的碳排放。经测算，每年可减少二氧化碳排放约13.2万吨。此外，该钢铁集团还积极推进智能装备技术革新，改造电机、风机、水泵等1350台，年节约用电量达6121万千瓦时，折合降碳5.4万吨。

推进清洁化运输。天津市某钢铁集团建设两条铁路运输专用线和铁路集装箱卸车专用线，成为天津市唯一具有多条铁路专用线直接进厂的钢铁企业。自专用线投用以来，该钢铁集团单日铁路最大接卸能力提升至8列，年焦炭集装箱发运量达到60万吨，全口径清洁运输比例超过80%。每年减少重卡运输近13万车次，折合降碳约1.4万吨。

二、推动水泥行业减污降碳协同增效

水泥行业是我国国民经济发展的重要基础原材料产业，其产品广泛应用于土木、水利、国防等工程。2023年，我国水泥产量为20.23亿吨，约占全球产量的一半，年二氧化碳排放量超12亿吨，是我国实现"双碳"目标需要重点关注的行业。目前，水泥行业主要通过推动低碳原料替代、实施生物质燃料替代、开发应用清洁能源、开展水泥窑协同处置、实施节能低碳技术改造、钢渣捕集水泥窑烟气二氧化碳、开展碳捕集利用与封存等措施，推进减污降碳协同增效。

（一）源头协同

推动低碳原料替代。安徽省某水泥集团采用黄磷渣配料，降低煅烧温度，减少热力消耗，同时选择粉煤灰、硫酸渣、脱硫石膏等工业废料替代部分原料，减少碳酸盐分解产生的二氧化碳。据测算，每吨熟料实物煤耗同比下降2.13千克，每吨熟料综合电耗同比下降0.91千瓦时，每吨水泥生产成本同比下降22元。

实施生物质燃料替代。安徽省某水泥企业积极响应"无废城市"建设，利用3#5000吨/天熟料生产线，投资1.2亿元顺利实施生物质替代燃料项目，利用新型干法水泥窑的技术优势，解决困扰周边地区的秸秆、稻壳等农业废物问题。据测算，该项目可年消化农用秸秆15万吨，实现年节约标准煤7.3万吨，按照热值换算可减排二氧化碳约20万吨。

开发应用清洁能源。某企业利用现有的厂区堆棚、屋面、空地以及矿山长输送廊道建设分布式光伏发电项目，总装机容量约14.81兆瓦，预计投产发电后，可向电网供电1400万千瓦时，年节约标准煤约4049吨，年减少二氧化碳排放约10991吨。

开展水泥窑协同处置。安徽省某水泥集团开发水泥窑协同处置城市生活垃圾系统、应用水泥窑利用工业废料技术，实现了水泥窑消化煤矸石、火山灰、脱硫石膏等工业废渣与城市垃圾的功能。依托废弃物协同处置与资源再利用技术，实现企业产生的废弃物全部合规处理与再利用。据测算，累计消纳一般工业固体废物4366.1万吨、处理生活垃圾93.1万吨、处理危险废物53.0万吨，在解决工业垃圾消解问题的同时，减少污染物排放，节约石灰石资源，降低石灰石分解产生的碳排放。

（二）过程协同

实施节能低碳技术改造。保定市某企业投资5192万元实施烧成系统节能减排改造。通过对分解炉扩容、更换第四代步进式篦冷机、拆除增湿塔并利用增湿塔基础框架建设脱硝系统、更换高效节能风机等方式，对预热器、冷机、SCR脱硝系统等进行统一改造。项目实施后，氮氧化物排放降低到50毫克/立方米以内，氨逃逸低于5毫克/立方米，达到水泥行业超低排放标准。据测算，年节约标准煤约6400吨，熟料生产降低电耗约151.2万千瓦时，年节约氨水243吨左右，总计年节省费用约1496万元。

开展余热余压回收利用。安徽省某水泥集团对每个水泥厂添加配套余热发电系统，利用排出的废气余热进行发电，并将产生的电能用于企业生产，减少外购电力。在2021年，集团整体余热发电量达79亿千瓦时，减排二氧化碳约459万吨。

（三）末端协同

钢渣捕集水泥窑烟气二氧化碳。某水泥企业投产钢渣捕集水泥窑烟气二氧化碳制备固碳辅助性胶凝材料与低碳水泥生产线，通过与水泥窑烟气中的二氧化碳进行反应，钢渣中的游离氧化钙等有害物质会转化成碳酸钙，既起到了固碳的作用，又提高了钢渣的稳定性。已投产的项目一期每年可资源化利用钢渣生产固碳辅助性胶凝材料30万吨，生产高效复合掺合料30万吨，直接捕集水泥窑烟气二氧化碳1.6万吨。

开展碳捕集、利用与封存。某水泥集团开展碳捕集利用示范项目，将水泥生产排放的二氧化碳进行资源化利用，既实现碳减排，又提高经济效益。该集团建设了全球水泥行业首个水泥窑碳捕集纯化示范项目，实现了对水泥窑尾气中二氧化碳的捕集与资源化利用。目前，该水泥集团碳捕集项目每年可生产3万吨食品级和2万吨工业级二氧化碳，为从吸收端降低水泥生产中排放的二氧化碳进行了有益的探索。

（四）管理协同

提升数字化管理水平。某水泥企业应用5G、物联网、大数据等新技术，通过智能调整氨水用量，控制二氧化硫、氨氧化物等污染物排放，实现污染物排放100%达标且远低于国家标准。其窑磨先进控制应用能有效降低生产线的能耗，结合能源管理系统优化，试点产线能耗降低约1.5%，有效降低碳排放。

三、推动火电行业减污降碳协同增效

电力行业碳排放约占全国能源体系总排放量的一

半，位居各行业首位，是减污降碳协同重点行业。目前电力行业主要通过燃煤机组掺烧、煤电与可再生能源联营、超低排放改造、煤电机组上大压小、碳捕集与利用等措施，开展减污降碳协同创新实践，实现行业绿色高质量发展。

（一）源头协同

推进燃煤机组掺烧生物质。山东省某企业探索科技创新，瞄准生物质资源节煤降碳效果，采取以气力输送至一次风煤粉管道的方式进行生物质燃料掺烧，解决了生物质粉体燃料的安全储存、准确计量、超长距离稳定输送等难题。项目投产后，预计每年可消纳蔬菜废弃物52万吨左右，减少煤炭资源消耗12.5万吨。

推动煤电与可再生能源联营。某电厂充分利用厂房空地、荒地和滩涂等区域，建设10万余块光伏板和附属配套设施，项目通过电厂220千伏升压站经北邻、北隰线向电网送电。项目投产后，平均每年可为电网提供电量5185万千瓦时，平均每年可节约标准煤1.7万吨、减排二氧化碳3.4万吨。

推动煤电机组"三改联动"。海南省某发电公司大力推动节能降耗改造，分步实施两台机组汽轮机通流改造，项目实施后，机组供电煤耗可降低10克/千瓦时，每年可节约4.5万吨标准煤。大力推动供热改造，对接外部企业用热需求，积极拓宽供热渠道，每年为当地虾饲料加工厂提供蒸汽2万吨。近5年，该公司供电煤耗累计下降超4.3克/千瓦时，综合厂用电率降幅达21.72%。此外，积极推进余能资源高效利用，对厂区办公区、生活区进行集中供冷，将电力驱动改造为由热力驱动的溴化锂吸收式制冷模式，年节约电量73.5万千瓦时，减排二氧化硫630吨。

（二）过程协同

实施煤电机组上大压小。浙江省某发电厂积极推进燃煤小机组退役关停工作，改造升级两台660兆瓦燃煤发电新机组。与传统老燃煤机组相比，新建机组发电煤耗下降20%，污染物排放减少50%以上，可减排二氧化硫约245吨、氮氧化物约364吨、烟尘约282吨，大气污染物减排效果显著。

（三）末端协同

开展碳捕集与利用。上海市某电厂结合周边工业企业的用碳需求，创新实施10万吨级燃煤燃机全周期二氧化碳捕集与利用示范项目。该项目采用有机胺化学吸收法工艺，主要包含烟气预处理系统、吸收再生系统、压缩干燥系统和制冷液化系统。一期碳捕集装置投运后每年可减少二氧化碳排放约7万吨，减排率约为27%。同时，经过碳捕集系统处理的燃煤烟气，其二氧化硫、氮氧化物及粉尘浓度都将进一步降低。

四、推动石化行业减污降碳协同增效

石化行业是我国国民经济发展的主要支柱产业之一，其生产过程涉及多种化学反应和物理过程，减污降碳协同具有复杂性。目前，石化行业主要通过推动能源结构低碳转型、拓宽氢能应用场景、升级节能技术和设备、高效利用氢气资源、实施余热循环梯级利用、开展碳捕集利用与封存等措施，推进减污降碳协同增效。

（一）源头协同

推动能源结构低碳转型。浙江省某园区依托石化区标准厂房，布局建设"光伏+工业"工程，在厂房屋顶及车棚顶建设集中连片光伏设施，打造分布式光伏示范区，并网容量1.3万千瓦。光伏项目建成后，总装机容量约190兆瓦，年发电量超过2.1亿千瓦时。

统筹谋划氢能应用场景。宁波市某园区建成宁波市首座加氢示范站，加氢能力每天可达500千克，远期规划每天10吨的充装能力，建成后将成为浙江省最大规模的供氢中心。积极搭建氢能应用场景，投用两辆氢能通勤客车，目前累计行驶里程数超5万千米，折合减少柴油用量9.5吨，减少碳排放29吨，氮氧化物排放80千克、二氧化硫排放100千克、烟尘排放18千克。2022年11月，氢能源重卡车首次在宁波投入使用，园区先后助力宁波市实现"氢能大巴"和"氢能重卡"两个"零"的突破，助力能源零碳化。

（二）过程协同

升级节能技术和设备。某石化企业开展千万吨级炼化用能优化项目，根据实际生产数据，分析全厂能耗现状总体情况，利用夹点分析技术评估节能减排潜力，从中发现系统用能的"瓶颈"。通过搭建换热网络智能优化平台，结合炼油厂的工艺及优化目标，自动生成换热网络优化方案，提供经济效益更佳的节能增效方案。据测算，该项目能耗提升5.4千克标油/吨原油，降低碳排放15.4千克二氧化碳原油。

高效利用氢气资源。中国石化新疆库车绿氢示范项目是我国首个万吨级绿氢炼化项目，主要包括光伏发电、电解水制氢、氢气储输等设施，制氢规模达2万吨/年，储氢能力21万标准立方米，输氢能力2.8万标准立方米/小时。该项目利用新疆地区丰富的太阳能资源发电，再通过电解水装置，产出高纯度氢气，生产的绿氢可就近供应塔河炼化，替代现有天然气化石能源制氢，每年可减少二氧化碳排放48.5万吨，对炼化企业大规模利用绿氢实现碳减排具有重大示范效应。

余热循环梯级利用。镇海炼化将150摄氏度热水供给金海晨光，金海晨光将利用后的100摄氏度热水作为冷却水返回至镇海炼化，实现企业间余热余压利用、蒸汽冷凝水回收等能源梯级利用，预计每年可增效3856万元，节能4.8万吨标准煤，约减排二氧化碳11万吨，二氧化硫1100吨，氮氧化物330吨，烟（粉）尘500吨。

（三）末端协同

开展碳捕集、利用与封存。某石化基地锚定"双碳"目标，构建"乙烯—环氧乙烷—碳酸二甲酯—聚碳酸酯工程塑料"循环降碳绿色链条，实现了二氧化碳的低成本捕集与高值化利用，形成了具有石化基地特色的上下游一体化循环降碳绿色发展模式。目前已建成投用12万吨/年二氧化碳回收利用装置。炼油化工装置含油含盐污水经过深度处理后作为回用水处理单元的水源，污水回用率可提高到70%以上。

第四篇

展望篇

"合抱之木，生于毫末；九层之台，起于垒土；千里之行，始于足下"，减污降碳协同治理只有落地才能增效。减污降碳协同增效在认识上具有科学性、实践上具有可行性，要坚持系统观念，不断深化对减污降碳协同增效的认识和把握，着力提升多污染物与温室气体协同治理水平，发挥其作为推动经济社会发展全面绿色转型总抓手的作用。

　　推动减污降碳协同增效，需要在推进多领域、多层次减污降碳协同创新试点工作的基础上，进一步建立完善协同制度体系，加强协同技术研发应用，提升协同管理基础能力，由点及面在全社会形成减污降碳高效协同的工作格局，助力实现美丽中国建设重要目标和碳达峰碳中和战略目标。

一、系统谋划美丽中国战略下减污降碳实施路径

以美丽中国建设、实现人与自然和谐共生的中国式现代化为指引，突出降碳引领，统筹谋划2035年生态环境根本好转、污染防治攻坚等重大生态环境保护目标路径与碳达峰碳中和关键目标路径，加强目标时序进度协调。结合我国污染物和温室气体排放时空特征，强化环境质量改善目标，污染物排放控制目标与单位GDP碳排放强度下降、温室气体排放总量控制目标分解落实和监督考核协同，提升减污降碳治理综合效益。探索制定2035年前减污降碳协同分阶段量化目标，促进减污降碳协同度有效提升，推动减污降碳协同工作迈上新台阶。

二、构建提升综合效能的减污降碳协同政策体系

推动将减污降碳协同增效纳入生态环境法典等相关法律法规，加快制定污染物与温室气体排放协同控制可行技术指南、监测技术指南，强化减污降碳协同控制法规标准支撑。研究环境影响评价与碳排放影响评价、污染物总量控制与碳排放总量控制、排污权交易与碳排放权交易、环境保护税与碳税等相关政策深层次协同融合机制，避免减污与降碳政策简单叠加。构建以降本增效为目标，涵盖源

头、过程、末端全过程的减污降碳协同政策体系，支撑实现减污降碳一体谋划、一体部署、一体推进、一体考核。加强气候投融资和绿色金融创新，探索建立综合性资源环境权益交易市场，发挥激励引导作用。

三、持续开展多领域、多层次减污降碳协同创新

深入开展区域减污降碳协同创新，推进城市和产业园区减污降碳协同创新试点，聚焦减污降碳协同控制的实施路径、技术措施、政策机制、管理体系等，因地制宜开展多领域、多层次创新实践，加快探索减污降碳协同治理多元路径和有效模式。及时凝练重点领域、地方减污降碳协同创新经验和改革举措，加快形成可复制、可推广的经验做法和典型案例，促进交流互鉴，推动重点区域、重点领域结构优化调整和环境质量改善，助力发展方式绿色转型。

四、着力强化基础理论研究和关键技术研发应用

进一步加强减污降碳协同增效基础科学和机理研究，形成习近平生态文明思想指导下的减污降碳协同理论体系。推动设立减污降碳协同治理重大科技专项研发项目，推进减污降碳重大科研专项立项实施，加快重点领域绿色低碳共性技术及跨介质碳污同治、资源循环利用与智慧监

管、自然恢复和人工修复下生态系统固碳增汇调控等技术研发和推广应用。充分利用国家生态环境科技成果转化综合服务平台，提升减污降碳协同增效科技成果转化力度和效率。推动重点方向学科交叉研究，形成减污降碳领域国家战略科技力量。

五、广泛动员社会主体参与减污降碳协同治理

探索将环境气候成本效益纳入企业财务核算和环境、社会和公司治理（ESG）管理制度体系，以及固定资产投资项目成本效益分析和可行性论证，引导以减污降碳协同增效为导向的绿色投资。建立基于消费侧、减污降碳全要素协同的统一绿色低碳消费政策、产品标准标识及普惠机制，构建平台经济下减污降碳协同增效的数字化绿色消费支撑系统，强化绿色低碳标准标识在绿色供应链管理、产品采购、平台经济、绿色金融等领域的应用，充分发挥公众参与、需求引导的作用。

六、加强国际合作引领全球减污降碳绿色发展

总结梳理我国减污降碳协同增效优良实践成果，依托共建"一带一路"等合作交流平台，加强减污降碳协同治理经验交流互鉴，为处于相同发展阶段的广大发展中国家

提供可学习、可借鉴的经验模式。建设性推动《联合国气候变化框架公约》《保护臭氧层维也纳公约》《生物多样性公约》等国际环境公约协同发展。加强污染物与温室气体协同减排、绿色低碳修复等减污降碳关键技术共享，带动绿色低碳装备出口和产业发展。依托多边开发银行，倡导成立以协同减污降碳为导向的绿色发展基金，探索"一带一路"绿色权益类市场互联互通，加大对发展中国家的绿色转型金融支持力度，在兼顾公平公正前提下促进全球环境和气候目标及可持续发展目标如期实现。

附　录

中共中央　国务院关于全面推进美丽中国建设的意见

中共中央　国务院关于完整准确全面贯彻新发展理念做好碳达峰碳中和工作的意见

减污降碳协同增效实施方案

城市和产业园区减污降碳协同创新试点工作方案

中共中央　国务院
关于全面推进美丽中国建设的意见

建设美丽中国是全面建设社会主义现代化国家的重要目标，是实现中华民族伟大复兴中国梦的重要内容。为全面推进美丽中国建设，加快推进人与自然和谐共生的现代化，现提出如下意见。

一、新时代新征程开启全面推进美丽中国建设新篇章

党的十八大以来，以习近平同志为核心的党中央把生态文明建设摆在全局工作的突出位置，全方位、全地域、全过程加强生态环境保护，实现了由重点整治到系统治理、由被动应对到主动作为、由全球环境治理参与者到引领者、由实践探索到科学理论指导的重大转变，美丽中国建设迈出重大步伐。

当前，我国经济社会发展已进入加快绿色化、低碳化的高质量发展阶段，生态文明建设仍处于压力叠加、负重前行的关键期，生态环境保护结构性、根源性、趋势性压

力尚未根本缓解，经济社会发展绿色转型内生动力不足，生态环境质量稳中向好的基础还不牢固，部分区域生态系统退化趋势尚未根本扭转，美丽中国建设任务依然艰巨。新征程上，必须把美丽中国建设摆在强国建设、民族复兴的突出位置，保持加强生态文明建设的战略定力，坚定不移走生产发展、生活富裕、生态良好的文明发展道路，建设天蓝、地绿、水清的美好家园。

二、总体要求

全面推进美丽中国建设，要坚持以习近平新时代中国特色社会主义思想特别是习近平生态文明思想为指导，深入贯彻党的二十大精神，落实全国生态环境保护大会部署，牢固树立和践行绿水青山就是金山银山的理念，处理好高质量发展和高水平保护、重点攻坚和协同治理、自然恢复和人工修复、外部约束和内生动力、"双碳"承诺和自主行动的关系，统筹产业结构调整、污染治理、生态保护、应对气候变化，协同推进降碳、减污、扩绿、增长，维护国家生态安全，抓好生态文明制度建设，以高品质生态环境支撑高质量发展，加快形成以实现人与自然和谐共生现代化为导向的美丽中国建设新格局，筑牢中华民族伟大复兴的生态根基。

主要目标是：到2027年，绿色低碳发展深入推进，主要污染物排放总量持续减少，生态环境质量持续提升，国土空间开发保护格局得到优化，生态系统服务功能不断增强，城乡人居环境明显改善，国家生态安全有效保障，生态环境治理体系更加健全，形成一批实践样板，美丽中国建设成效显著。到2035年，广泛形成绿色生产生活方式，碳排放达峰后稳中有降，生态环境根本好转，国土空间开发保护新格局全面形成，生态系统多样性稳定性持续性显著提升，国家生态安全更加稳固，生态环境治理体系和治理能力现代化基本实现，美丽中国目标基本实现。展望本世纪中叶，生态文明全面提升，绿色发展方式和生活方式全面形成，重点领域实现深度脱碳，生态环境健康优美，生态环境治理体系和治理能力现代化全面实现，美丽中国全面建成。

锚定美丽中国建设目标，坚持精准治污、科学治污、依法治污，根据经济社会高质量发展的新需求、人民群众对生态环境改善的新期待，加大对突出生态环境问题集中解决力度，加快推动生态环境质量改善从量变到质变。"十四五"深入攻坚，实现生态环境持续改善；"十五五"巩固拓展，实现生态环境全面改善；"十六五"整体提升，实现生态环境根本好转。要坚持做到：

——全领域转型。大力推动经济社会发展绿色化、低碳化，加快能源、工业、交通运输、城乡建设、农业等领域绿色低碳转型，加强绿色科技创新，增强美丽中国建设的内生动力、创新活力。

——全方位提升。坚持要素统筹和城乡融合，一体开展"美丽系列"建设工作，重点推进美丽蓝天、美丽河湖、美丽海湾、美丽山川建设，打造美丽中国先行区、美丽城市、美丽乡村，绘就各美其美、美美与共的美丽中国新画卷。

——全地域建设。因地制宜、梯次推进美丽中国建设全域覆盖，展现大美西部壮美风貌、亮丽东北辽阔风光、美丽中部锦绣山河、和谐东部秀美风韵，塑造各具特色、多姿多彩的美丽中国建设板块。

——全社会行动。把建设美丽中国转化为全体人民行为自觉，鼓励园区、企业、社区、学校等基层单位开展绿色、清洁、零碳引领行动，形成人人参与、人人共享的良好社会氛围。

三、加快发展方式绿色转型

（一）优化国土空间开发保护格局。健全主体功能区制度，完善国土空间规划体系，统筹优化农业、生态、城镇等各类空间布局。坚守生态保护红线，强化执法监管和保护修复，使全国生态保护红线面积保持在315万平方公里以上。坚决守住18亿亩耕地红线，确保可以长期稳定利用的耕地不再减少。严格管控城镇开发边界，推动城镇空间内涵式集约化绿色发展。严格河湖水域岸线空间管控。加强海洋和海岸带国土空间管控，建立低效用海退出机制，除国家重大项目外，不再新增围填海。完善全域覆盖的生态环境分区管控体系，为发展"明底线""划边框"。到2035年，大陆自然岸线保有率不低于35%，生态保护红线生态功能不降低、性质不改变。

（二）积极稳妥推进碳达峰碳中和。有计划分步骤实施碳达峰行动，力争2030年前实现碳达峰，为努力争取2060年前实现碳中和奠定基础。坚持先立后破，加快规划建设新型能源体系，确保能源安全。重点控制煤炭等化石能源消费，加强煤炭清洁高效利用，大力发展非化石能源，加快构建新型电力系统。开展多领域多层次减污降碳协同创新试点。推动能耗双控逐步转向碳排放总量和强度双控，加强碳排放双控基础能力和制度建设。逐年编制国家温室气体清单。实施甲烷排放控制行动方案，研究制定其他非二氧化碳温室气体排放控制行动方案。进一步发展全国碳市场，稳步扩大行业覆盖范围，丰富交易品种和方式，建设完善全国温室气体自愿减排交易市场。到2035年，非化石能源占能源消费总量比重进一步提高，建成更加有效、更有活力、更具国际影响力的碳市场。

（三）统筹推进重点领域绿色低碳发展。推进产业数字化、智能化同绿色化深度融合，加快建设以实体经济为支撑的现代化产业体系，大力发展战略性新兴产业、高技术产业、绿色环保产业、现代服务业。严把准入关口，坚决遏制高耗能、高排放、低水平项目盲目上马。大力推进传统产业工艺、技术、装备升级，实现绿色低碳转型，实施清洁生产水平提升工程。加快既有建筑和市政基础设施节能降碳改造，推动超低能耗、低碳建筑规模化发展。大力推进"公转铁""公转水"，加快铁路专用线建设，提升大宗货物清洁化运输水平。推进铁路场站、民用机场、港口码头、物流园区等绿色化改造和铁路电气化改造，推动超低和近零排放车辆规模化应用、非道路移动机械清洁低碳应用。到2027年，新增汽车中新能源汽车占比力争达到45%，老旧内燃机车基本淘汰，港口集装箱铁水联运量保持较快增长；到2035年，铁路货运周转量占总周转量比例达到25%左右。

（四）推动各类资源节约集约利用。实施全面节约战略，推进节能、节水、节地、节材、节矿。持续深化重点领域节能，加强新型基础设施用能管理。深入实施国家节水行动，强化用水总量和强度双控，提升重点用水行业、产品用水效率，积极推动污水资源化利用，加强非常规水源配置利用。健全节约集约利用土地制度，推广节地技术和模式。建立绿色制造体系和服务体系。开展资源综合利用提质增效行动。加快构建废弃物循环利用体系，促进废旧风机叶片、光伏组件、动力电池、快递包装等废弃物循环利用。推进原材料节约和资源循环利用，大力发展再制造产业。全面推进绿色矿山建设。到2035年，能源和水资源利用效率达到国际先进水平。

四、持续深入推进污染防治攻坚

（五）持续深入打好蓝天保卫战。以京津冀及周边、长三角、汾渭平原等重点区域为主战场，以细颗粒物控制为主线，大力推进多污染物协同减排。强化挥发性有机物综合治理，实施源头替代工程。高质量推进钢铁、水泥、焦化等重点行业及燃煤锅炉超低排放改造。因地制宜采取清洁能源、集中供热替代等措施，继续推进散煤、燃煤锅炉、工业炉窑污染治理。重点区域持续实施煤炭消费总量控制。研究制定下一阶段机动车排放标准，开展新阶段油品质量标准研究，强化部门联合监管执法。加强区域联防联控，深化重污染天气重点行业绩效分级。持续实施噪声污染防治行动。着力解决恶臭、餐饮油烟等污染问题。加强消耗臭氧层物质和氢氟碳化物环境管理。到2027年，全国细颗粒物平均浓度下降到28微克/立方米以下，各地级及以上城市力争达标；到2035年，全国细颗粒物浓度下降到25微克/立方米以下，实现空气常新、蓝天常在。

（六）持续深入打好碧水保卫战。统筹水资源、水环境、水生态治理，深入推进长江、黄河等大江大河和重要湖泊保护治理，优化调整水功能区划及管理制度。扎实推进水源地规范化建设和备用水源地建设。基本完成入河入海排污口排查整治，全面建成排污口监测监管体系。推行重点行业企业污水治理与排放水平绩效分级。加快补齐城镇污水收集和处理设施短板，建设城市污水管网全覆盖样板区，加强污泥无害化处理和资源化利用，建设污水处理绿色低碳标杆厂。因地制宜开展内源污染治理和生态修复，基本消除城乡黑臭水体并形成长效机制。建立水生态考核机制，加强水源涵养区和生态缓冲带保护修复，强化水资源统一调度，保障河湖生态流量。坚持陆海统筹、河海联动，持续推进重点海域综合治理。以海湾为基本单元，"一湾一策"协同推进近岸海域污染防治、生态保护修复和岸滩环境整治，不断提升红树林等重要海洋生态系统质量和稳定性。加强海水养殖环境整治。积极应对蓝藻水华、赤潮绿潮等生态灾害。推进江河湖库清漂和海洋垃圾治理。到2027年，全国地表水水质、近岸海域水质优良比例分别达到90%、83%左右，美丽河湖、美丽海湾建成率达到40%左右；到2035年，"人水和谐"美丽河湖、美丽海湾基本建成。

（七）持续深入打好净土保卫战。开展土壤污染源头防控行动，严防新增污染，逐步解决长期积累的土壤和地下水严重污染问题。强化优先保护类耕地保护，扎实推进受污染耕地安全利用和风险管控，分阶段推进农用地土壤重金属污染溯源和整治全覆盖。依法加强建设用地用途变更和污染地块风险管控的联动监管，推动大型污染场地风险管控和修复。全面开展土壤污染重点监管单位周边土壤和地下水环境监测，适时开展第二次全国土壤污染状况普查。开展全国地下水污染调查评价，强化地下水型饮用水水源地环境保护，严控地下水污染防治重点区环境风险。深入打好农业农村污染治理攻坚战。到2027年，受污染耕地安全利用率达到94%以上，建设用地安全利用得到有效保障；到2035年，地下水国控点位Ⅰ～Ⅳ类水比例达到80%以上，土壤环境风险得到全面管控。

（八）强化固体废物和新污染物治理。加快"无废城市"建设，持续推进新污染物治理行动，推动实现城乡"无废"、环境健康。加强固体废物综合治理，限制商品过度包装，全链条治理塑料污染。深化全面禁止"洋垃圾"入境工作，严防各种形式固体废物走私和变相进口。强化危险废物监管和利用处置能力，以长江经济带、黄河流域等为重点加强尾矿库污染治理。制定有毒有害化学物质环境风险管理法规。到2027年，"无废城市"建设比例达到60%，固体废物产生强度明显下降；到2035年，"无废城市"建设实现全覆盖，东部省份率先全域建成"无废城市"，新污染物环境风险得到有效管控。

五、提升生态系统多样性稳定性持续性

（九）筑牢自然生态屏障。稳固国家生态安全屏障，推进国家重点生态功能区、重要生态廊道保护建设。全面推进以国家公园为主体的自然保护地体系建设，完成全国自然保护地整合优化。实施全国自然生态资源监测评价预警工程。加强生态保护修复监管制度建设，强化统一监管。严格对所有者、开发者乃至监管者的监管，及时发现和查处各类生态破坏事件，坚决杜绝生态修复中的形式主义。加强生态状况监测评估，开展生态保护修复成效评估。持续推进"绿盾"自然保护地强化监督，建立生态保护红线生态破坏问题监督机制。到2035年，国家公园体系基本建成，生态系统格局更加稳定，展现美丽山川勃勃生机。

（十）实施山水林田湖草沙一体化保护和系统治理。加快实施重要生态系统保护和修复重大工程，推行草原森林河流湖泊湿地休养生息。继续实施山水林田湖草沙一体化保护和修复工程。科学开展大规模国土绿化行动，加大草原和湿地保护修复力度，加强荒漠化、石漠化和水土流失综合治理，全面实施森林可持续经营，加强森林草原防灭火。聚焦影响北京等重点地区的沙源地及传输路径，持续推进"三北"工程建设和京津风沙源治理，全力打好三大标志性战役。推进生态系统碳汇能力巩固提升行动。到

2035年，全国森林覆盖率提高至26%，水土保持率提高至75%，生态系统基本实现良性循环。

（十一）加强生物多样性保护。强化生物多样性保护工作协调机制的统筹协调作用，落实"昆明—蒙特利尔全球生物多样性框架"，更新中国生物多样性保护战略与行动计划，实施生物多样性保护重大工程。健全全国生物多样性保护网络，全面保护野生动植物，逐步建立国家植物园体系。深入推进长江珍稀濒危物种拯救行动，继续抓好长江十年禁渔措施落实。全面实施海洋伏季休渔制度，建设现代海洋牧场。到2035年，全国自然保护地陆域面积占陆域国土面积比例不低于18%，典型生态系统、国家重点保护野生动植物及其栖息地得到全面保护。

六、守牢美丽中国建设安全底线

（十二）健全国家生态安全体系。贯彻总体国家安全观，完善国家生态安全工作协调机制，加强与经济安全、资源安全等领域协作，健全国家生态安全法治体系、战略体系、政策体系、应对管理体系，提升国家生态安全风险研判评估、监测预警、应急应对和处置能力，形成全域联动、立体高效的国家生态安全防护体系。

（十三）确保核与辐射安全。强化国家核安全工作协调机制统筹作用，构建严密的核安全责任体系，全面提高核安全监管能力，建设与我国核事业发展相适应的现代化核安全监管体系，推动核安全高质量发展。强化首堆新堆安全管理，定期开展运行设施安全评价并持续实施改进，加快老旧设施退役治理和历史遗留放射性废物处理处置，加强核技术利用安全管理和电磁辐射环境管理。加强我国管辖海域海洋辐射环境监测和研究，提升风险预警监测和应急响应能力。坚持自主创新安全发展，加强核安全领域关键性、基础性科技研发和智能化安全管理。

（十四）加强生物安全管理。加强生物技术及其产品的环境风险检测、识别、评价和监测。强化全链条防控和系统治理，健全生物安全监管预警防控体系。加强有害生物防治。开展外来入侵物种普查、监测预警、影响评估，加强进境动植物检疫和外来入侵物种防控。健全种质资源保护与利用体系，加强生物遗传资源保护和管理。

（十五）有效应对气候变化不利影响和风险。坚持减缓和适应并重，大力提升适应气候变化能力。加强气候变化观测网络建设，强化监测预测预警和影响风险评估。持续提升农业、健康和公共卫生等领域的气候韧性，加强基础设施与重大工程气候风险管理。深化气候适应型城市建设，推进海绵城市建设，强化区域适应气候变化行动。到2035年，气候适应型社会基本建成。

（十六）严密防控环境风险。坚持预防为主，加强环境风险常态化管理。完善国家环境应急体制机制，健全分级负责、属地为主、部门协同的环境应急责任体系，完善上下游、跨区域的应急联动机制。强化危险废物、尾矿库、重金属等重点领域以及管辖海域、边境地区等环境隐患排查和风险防控。实施一批环境应急基础能力建设工程，建立健全应急响应体系和应急物资储备体系，提升环境应急指挥信息化水平，及时妥善科学处置各类突发环境事件。健全环境健康监测、调查和风险评估制度。

七、打造美丽中国建设示范样板

（十七）建设美丽中国先行区。聚焦区域协调发展战略和区域重大战略，加强绿色发展协作，打造绿色发展高地。完善京津冀地区生态环境协同保护机制，加快建设生态环境修复改善示范区，推动雄安新区建设绿色发展城市典范。在深入实施长江经济带发展战略中坚持共抓大保护，建设人与自然和谐共生的绿色发展示范带。深化粤港澳大湾区生态环境领域规则衔接、机制对接，共建国际一流美丽湾区。深化长三角地区共保联治和一体化制度创新，高水平建设美丽长三角。坚持以水定城、以水定地、以水定人、以水定产，建设黄河流域生态保护和高质量发展先行区。深化国家生态文明试验区建设。各地区立足区域功能定位，发挥自身特色，谱写美丽中国建设省域篇章。

（十八）建设美丽城市。坚持人民城市人民建、人民城市为人民，推进以绿色低碳、环境优美、生态宜居、安全健康、智慧高效为导向的美丽城市建设。提升城市规划、建设、治理水平，实施城市更新行动，强化城际、城乡生态共保环境共治。加快转变超大特大城市发展方式，提高大中城市生态环境治理效能，推动中小城市和县城环境基础设施提级扩能，促进环境公共服务能力与人口、经济规模相适应。开展城市生态环境治理评估。

（十九）建设美丽乡村。因地制宜推广浙江"千万工程"经验，统筹推动乡村生态振兴和农村人居环境整治。加快农业投入品减量增效技术集成创新和推广应用，加强农业废弃物资源化利用和废旧农膜分类处置，聚焦农业面源污染突出区域强化系统治理。扎实推进农村厕所革命，有效治理农村生活污水、垃圾和黑臭水体。建立农村生态环境监测评价制度。科学推进乡村绿化美化，加强传统村落保护利用和乡村风貌引导。到2027年，美丽乡村整县建成比例达到40%；到2035年，美丽乡村基本建成。

（二十）开展创新示范。分类施策推进美丽城市建设，实施美丽乡村示范县建设行动，持续推广美丽河湖、美丽海湾优秀案例。推动将美丽中国建设融入基层治理创新。深入推进生态文明示范建设，推动"绿水青山就是金山银山"实践创新基地建设。鼓励自由贸易试验区绿色创新。支持美丽中国建设规划政策等实践创新。

八、开展美丽中国建设全民行动

（二十一）培育弘扬生态文化。健全以生态价值观念为准则的生态文化体系，培育生态文明主流价值观，加快形成全民生态自觉。挖掘中华优秀传统生态文化思想和资源，推出一批生态文学精品力作，促进生态文化繁荣发展。充分利用博物馆、展览馆、科教馆等，宣传美丽中国建设生动实践。

（二十二）践行绿色低碳生活方式。倡导简约适度、绿色低碳、文明健康的生活方式和消费模式。发展绿色旅游。持续推进"光盘行动"，坚决制止餐饮浪费。鼓励绿色出行，推进城市绿道网络建设，深入实施城市公共交通优先发展战略。深入开展爱国卫生运动。提升垃圾分类管理水平，推进地级及以上城市居民小区垃圾分类全覆盖。构建绿色低碳产品标准、认证、标识体系，探索建立"碳普惠"等公众参与机制。

（二十三）建立多元参与行动体系。持续开展"美丽中国，我是行动者"系列活动。充分发挥行业协会商会桥梁纽带作用和群团组织广泛动员作用，完善公众生态环境监督和举报反馈机制，推进生态环境志愿服务体系建设。深化环保设施开放，向公众提供生态文明宣传教育服务。

九、健全美丽中国建设保障体系

（二十四）改革完善体制机制。深化生态文明体制改革，一体推进制度集成、机制创新。强化美丽中国建设法治保障，推动生态环境、资源能源等领域相关法律制定修订，推进生态环境法典编纂，完善公益诉讼，加强生态环境领域司法保护，统筹推进生态环境损害赔偿。加强行政执法与司法协同合作，强化在信息通报、形势会商、证据调取、纠纷化解、生态修复等方面衔接配合。构建从山顶到海洋的保护治理大格局，实施最严格的生态环境治理制度。完善环评源头预防管理体系，全面实行排污许可制，加快构建环保信用监管体系。深化环境信息依法披露制度改革，探索开展环境、社会和公司治理评价。完善自然资源资产管理制度体系，健全国土空间用途管制制度。强化河湖长制、林长制。深入推进领导干部自然资源资产离任审计，对不顾生态环境盲目决策、造成严重后果的，依规依纪依法严格问责、终身追责。强化国家自然资源督察。充分发挥生态环境部门职能作用，强化对生态和环境的统筹协调和监督管理。深化省以下生态环境机构监测监察执法垂直管理制度改革。实施市县生态环境队伍专业培训工程。加快推进美丽中国建设重点领域标准规范制定修订，开展环境基准研究，适时修订环境空气质量等标准，鼓励出台地方性法规标准。

（二十五）强化激励政策。健全资源环境要素市场化配置体系，把碳排放权、用能权、用水权、排污权等纳入要素市场化配置改革总盘子。强化税收政策支持，严格执行环境保护税法，完善征收体系，加快把挥发性有机物纳入征收范围。加强清洁生产审核和评价认证结果应用。综合考虑企业能耗、环保绩效水平，完善高耗能行业阶梯电价制度。落实污水处理收费政策，构建覆盖污水处理和污泥处置成本并合理盈利的收费机制。完善以农业绿色发展为导向的经济激励政策，支持化肥农药减量增效和整县推进畜禽粪污收集处理利用。建立企业生态环保费用提取使用制度。健全生态产品价值实现机制，推进生态环境导向的开发模式和投融资模式创新。推进生态综合补偿，深化横向生态保护补偿机制建设。强化财政对美丽中国建设支持力度，优化生态文明建设领域财政资源配置，确保投入规模同建设任务相匹配。大力发展绿色金融，支持符合条件的企业发行绿色债券，引导各类金融机构和社会资本加大投入，探索区域性环保建设项目金融支持模式，稳步推进气候投融资创新，为美丽中国建设提供融资支持。

（二十六）加强科技支撑。推进绿色低碳科技自立自强，创新生态环境科技体制机制，构建市场导向的绿色技术创新体系。把减污降碳、多污染物协同减排、应对气候变化、生物多样性保护、新污染物治理、核安全等作为国家基础研究和科技创新的重点领域，加强关键核心技术攻关。加强企业主导的产学研深度融合，引导企业、高校、科研单位共建一批绿色低碳产业创新中心，加大高效绿色环保技术装备产品供给。实施生态环境科技创新重大行动，推进"科技创新2030—京津冀环境综合治理"重大项目，建设生态环境领域大科学装置和重点实验室、工程技术中心、科学观测研究站等创新平台。加强生态文明领域智库建设。支持高校和科研单位加强环境学科建设。实施高层次生态环境科技人才工程，培养造就一支高水平生态环境人才队伍。

（二十七）加快数字赋能。深化人工智能等数字技术应用，构建美丽中国数字化治理体系，建设绿色智慧的数字生态文明。实施生态环境信息化工程，加强数据资源集成共享和综合开发利用。加快建立现代化生态环境监测体系，健全天空地海一体化监测网络，加强生态质量监督监测，推进生态环境卫星载荷研发。加强温室气体、地下水、新污染物、噪声、海洋、辐射、农村环境等监测能力建设，实现降碳、减污、扩绿协同监测全覆盖。提升生态环境质量预测预报水平。实施国家环境守法行动，实行排污单位分类执法监管，大力推行非现场执法，加快形成智慧执法体系。

（二十八）实施重大工程。加快实施减污降碳协同工程，支持能源结构低碳化、移动源清洁化、重点行业绿色化、工业园区循环化转型等。加快实施环境品质提升工程，支持重点领域污染减排、重要河湖海湾综合治理、土壤污染源头防控、危险废物环境风险防控、新污染物治理等。加快实施生态保护修复工程，支持生物多样性保护、重点地区防沙治沙、水土流失综合防治等。加快实施现代化生态环境基础设施建设工程，支持城乡和园区环境设施、生态环境智慧感知和监测执法应急、核与辐射安全监管等。

（二十九）共谋全球生态文明建设。坚持人类命运共同体理念，共建清洁美丽世界。坚持共同但有区别的责任原则，推动构建公平合理、合作共赢的全球环境气候治理体系。深化应对气候变化、生物多样性保护、海洋污染治理、核安全等领域国际合作。持续推动共建"一带一路"绿色发展。

十、加强党的全面领导

（三十）加强组织领导。坚持和加强党对美丽中国建设的全面领导，完善中央统筹、省负总责、市县抓落实的工作机制。充分发挥中央生态环境保护督察工作领导小组统筹协调和指导督促作用，健全工作机制，加强组织实施。研究制定生态环境保护督察工作条例。深入推进中央生态环境保护督察，将美丽中国建设情况作为督察重点。持续拍摄制作生态环境警示片。制定地方党政领导干部生态环境保护责任制规定，建立覆盖全面、权责一致、奖惩分明、环环相扣的责任体系。各地区各部门要把美丽中国建设作为事关全局的重大任务来抓，落实"党政同责、一岗双责"，及时研究解决重大问题。各级人大及其常委会加强生态文明建设立法工作和法律实施监督。各级政协加大生态文明建设专题协商和民主监督力度。各地区各有关部门推进美丽中国建设年度工作情况，书面送生态环境部，由其汇总后向党中央、国务院报告。

（三十一）压实工作责任。生态环境部会同国家发展改革委等有关部门制定分领域行动方案，建立工作协调机制，加快形成美丽中国建设实施体系和推进落实机制，推动任务项目化、清单化、责任化，加强统筹协调、调度评估和监督管理。各级党委和政府要强化生态环境保护政治责任，分类施策、分区治理，精细化建设。省（自治区、直辖市）党委和政府应当结合地方实际及时制定配套文件。各有关部门要加强工作衔接，把握好节奏和力度，协调推进、相互带动，强化对美丽中国建设重大工程的财税、金融、价格等政策支持。

（三十二）强化宣传推广。持续深化习近平生态文明思想理论研究、学习宣传、制度创新、实践推广和国际传播，推进生态文明教育纳入干部教育、党员教育、国民教育体系。通过全国生态日、环境日等多种形式加强生态文明宣传。发布美丽中国建设白皮书。按照有关规定表彰在美丽中国建设中成绩显著、贡献突出的先进单位和个人。

（三十三）开展成效考核。开展美丽中国监测评价，实施美丽中国建设进程评估。研究建立美丽中国建设成效考核指标体系，制定美丽中国建设成效考核办法，适时将污染防治攻坚战成效考核过渡到美丽中国建设成效考核，考核工作由中央生态环境保护督察工作领导小组牵头组织，考核结果作为各级领导班子和有关领导干部综合考核评价、奖惩任免的重要参考。

中共中央　国务院关于完整准确全面贯彻新发展理念做好碳达峰碳中和工作的意见

实现碳达峰、碳中和，是以习近平同志为核心的党中央统筹国内国际两个大局作出的重大战略决策，是着力解决资源环境约束突出问题、实现中华民族永续发展的必然选择，是构建人类命运共同体的庄严承诺。为完整、准确、全面贯彻新发展理念，做好碳达峰、碳中和工作，现提出如下意见。

一、总体要求

（一）指导思想。以习近平新时代中国特色社会主义思想为指导，全面贯彻党的十九大和十九届二中、三中、四中、五中全会精神，深入贯彻习近平生态文明思想，立足新发展阶段，贯彻新发展理念，构建新发展格局，坚持系统观念，处理好发展和减排、整体和局部、短期和中长期的关系，把碳达峰、碳中和纳入经济社会发展全局，以经济社会发展全面绿色转型为引领，以能源绿色低碳发展为关键，加快形成节约资源和保护环境的产业结构、生产方式、生活方式、空间格局，坚定不移走生态优先、绿色低碳的高质量发展道路，确保如期实现碳达峰、碳中和。

（二）工作原则

实现碳达峰、碳中和目标，要坚持"全国统筹、节约优先、双轮驱动、内外畅通、防范风险"原则。

——全国统筹。全国一盘棋，强化顶层设计，发挥制度优势，实行党政同责，压实各方责任。根据各地实际分类施策，鼓励主动作为、率先达峰。

——节约优先。把节约能源资源放在首位，实行全面节约战略，持续降低单位产出能源资源消耗和碳排放，提高投入产出效率，倡导简约适度、绿色低碳生活方式，从源头和入口形成有效的碳排放控制阀门。

——双轮驱动。政府和市场两手发力，构建新型举国体制，强化科技和制度创新，加快绿色低碳科技革命。深化能源和相关领域改革，发挥市场机制作用，形成有效激励约束机制。

——内外畅通。立足国情实际，统筹国内国际能源资源，推广先进绿色低碳技术和经验。统筹做好应对气候变化对外斗争与合作，不断增强国际影响力和话语权，坚决维护我国发展权益。

——防范风险。处理好减污降碳和能源安全、产业链供应链安全、粮食安全、群众正常生活的关系，有效应对绿色低碳转型可能伴随的经济、金融、社会风险，防止过度反应，确保安全降碳。

二、主要目标

到2025年，绿色低碳循环发展的经济体系初步形成，重点行业能源利用效率大幅提升。单位国内生产总值能耗比2020年下降13.5%；单位国内生产总值二氧化碳排放比2020年下降18%；非化石能源消费比重达到20%左右；森林覆盖率达到24.1%，森林蓄积量达到180亿立方米，为实现碳达峰、碳中和奠定坚实基础。

到2030年，经济社会发展全面绿色转型取得显著成效，重点耗能行业能源利用效率达到国际先进水平。单位国内生产总值能耗大幅下降；单位国内生产总值二氧化碳排放比2005年下降65%以上；非化石能源消费比重达到25%左右，风电、太阳能发电总装机容量达到12亿千瓦以上；森林覆盖率达到25%左右，森林蓄积量达到190亿立方米，二氧化碳排放量达到峰值并实现稳中有降。

到2060年，绿色低碳循环发展的经济体系和清洁低碳安全高效的能源体系全面建立，能源利用效率达到国际先进水平，非化石能源消费比重达到80%以上，碳中和目标顺利实现，生态文明建设取得丰硕成果，开创人与自然和谐共生新境界。

三、推进经济社会发展全面绿色转型

（三）强化绿色低碳发展规划引领。将碳达峰、碳中和目标要求全面融入经济社会发展中长期规划，强化国家发展规划、国土空间规划、专项规划、区域规划和地方各级规划的支撑保障。加强各级各类规划间衔接协调，确保各地区各领域落实碳达峰、碳中和的主要目标、发展方向、重大政策、重大工程等协调一致。

（四）优化绿色低碳发展区域布局。持续优化重大基础设施、重大生产力和公共资源布局，构建有利于碳达峰、碳中和的国土空间开发保护新格局。在京津冀协同发展、长江经济带发展、粤港澳大湾区建设、长三角一体化发展、黄河流域生态保护和高质量发展等区域重大战略实施中，强化绿色低碳发展导向和任务要求。

（五）加快形成绿色生产生活方式。大力推动节能减排，全面推进清洁生产，加快发展循环经济，加强资源综合利用，不断提升绿色低碳发展水平。扩大绿色低碳产品供给和消费，倡导绿色低碳生活方式。把绿色低碳发展纳入国民教育体系。开展绿色低碳社会行动示范创建。凝聚全社会共识，加快形成全民参与的良好格局。

四、深度调整产业结构

（六）推动产业结构优化升级。加快推进农业绿色发展，促进农业固碳增效。制定能源、钢铁、有色金属、石化化工、建材、交通、建筑等行业和领域碳达峰实施方案。以节能降碳为导向，修订产业结构调整指导目录。开展钢铁、煤炭去产能"回头看"，巩固去产能成果。加快推进工业领域低碳工艺革新和数字化转型。开展碳达峰试点园区建设。加快商贸流通、信息服务等绿色转型，提升服务业低碳发展水平。

（七）坚决遏制高耗能高排放项目盲目发展。新建、扩建钢铁、水泥、平板玻璃、电解铝等高耗能高排放项目严格落实产能等量或减量置换，出台煤电、石化、煤化工等产能控制政策。未纳入国家有关领域产业规划的，一律不得新建改扩建炼油和新建乙烯、对二甲苯、煤制烯烃项目。合理控制煤制油气产能规模。提升高耗能高排放项目能耗准入标准。加强产能过剩分析预警和窗口指导。

（八）大力发展绿色低碳产业。加快发展新一代信息技术、生物技术、新能源、新材料、高端装备、新能源汽车、绿色环保以及航空航天、海洋装备等战略性新兴产业。建设绿色制造体系。推动互联网、大数据、人工智能、第五代移动通信（5G）等新兴技术与绿色低碳产业深度融合。

五、加快构建清洁低碳安全高效能源体系

（九）强化能源消费强度和总量双控。坚持节能优先的能源发展战略，严格控制能耗和二氧化碳排放强度，合理控制能源消费总量，统筹建立二氧化碳排放总量控制制度。做好产业布局、结构调整、节能审查与能耗双控的衔接，对能耗强度下降目标完成形势严峻的地区实行项目缓批限批、能耗等量或减量替代。强化节能监察和执法，加强能耗及二氧化碳排放控制目标分析预警，严格责任落实和评价考核。加强甲烷等非二氧化碳温室气体管控。

（十）大幅提升能源利用效率。把节能贯穿于经济社会发展全过程和各领域，持续深化工业、建筑、交通运输、公共机构等重点领域节能，提升数据中心、新型通信等信息化基础设施能效水平。健全能源管理体系，强化重点用能单位节能管理和目标责任。瞄准国际先进水平，加快实施节能降碳改造升级，打造能效"领跑者"。

（十一）严格控制化石能源消费。加快煤炭减量步伐，"十四五"时期严控煤炭消费增长，"十五五"时期逐步减少。石油消费"十五五"时期进入峰值平台期。统筹煤电发展和保供调峰，严控煤电装机规模，加快现役煤电机组节能升级和灵活性改造。逐步减少直至

禁止煤炭散烧。加快推进页岩气、煤层气、致密油气等非常规油气资源规模化开发。强化风险管控，确保能源安全稳定供应和平稳过渡。

（十二）积极发展非化石能源。实施可再生能源替代行动，大力发展风能、太阳能、生物质能、海洋能、地热能等，不断提高非化石能源消费比重。坚持集中式与分布式并举，优先推动风能、太阳能就地就近开发利用。因地制宜开发水能。积极安全有序发展核电。合理利用生物质能。加快推进抽水蓄能和新型储能规模化应用。统筹推进氢能"制储输用"全链条发展。构建以新能源为主体的新型电力系统，提高电网对高比例可再生能源的消纳和调控能力。

（十三）深化能源体制机制改革。全面推进电力市场化改革，加快培育发展配售电环节独立市场主体，完善中长期市场、现货市场和辅助服务市场衔接机制，扩大市场化交易规模。推进电网体制改革，明确以消纳可再生能源为主的增量配电网、微电网和分布式电源的市场主体地位。加快形成以储能和调峰能力为基础支撑的新增电力装机发展机制。完善电力等能源品种价格市场化形成机制。从有利于节能的角度深化电价改革，理顺输配电价结构，全面放开竞争性环节电价。推进煤炭、油气等市场化改革，加快完善能源统一市场。

六、加快推进低碳交通运输体系建设

（十四）优化交通运输结构。加快建设综合立体交通网，大力发展多式联运，提高铁路、水路在综合运输中的承运比重，持续降低运输能耗和二氧化碳排放强度。优化客运组织，引导客运企业规模化、集约化经营。加快发展绿色物流，整合运输资源，提高利用效率。

（十五）推广节能低碳型交通工具。加快发展新能源和清洁能源车船，推广智能交通，推进铁路电气化改造，推动加氢站建设，促进船舶靠港使用岸电常态化。加快构建便利高效、适度超前的充换电网络体系。提高燃油车船能效标准，健全交通运输装备能效标识制度，加快淘汰高耗能高排放老旧车船。

（十六）积极引导低碳出行。加快城市轨道交通、公交专用道、快速公交系统等大容量公共交通基础设施建设，加强自行车专用道和行人步道等城市慢行系统建设。综合运用法律、经济、技术、行政等多种手段，加大城市交通拥堵治理力度。

七、提升城乡建设绿色低碳发展质量

（十七）推进城乡建设和管理模式低碳转型。在城乡规划建设管理各环节全面落实绿色低碳要求。推动城市组团式发展，建设城市生态和通风廊道，提升城市绿化水平。合理规划城镇建筑面积发展目标，严格管控高能耗公共建筑建设。实施工程建设全过程绿色建造，健全建筑拆除管理制度，杜绝大拆大建。加快推进绿色社区建设。结合实施乡村建设行动，推进县城和农村绿色低碳发展。

（十八）大力发展节能低碳建筑。持续提高新建建筑节能标准，加快推进超低能耗、近零能耗、低碳建筑规模化发展。大力推进城镇既有建筑和市政基础设施节能改造，提升建筑节能低碳水平。逐步开展建筑能耗限额管理，推行建筑能效测评标识，开展建筑领域低碳发展绩效评估。全面推广绿色低碳建材，推动建筑材料循环利用。发展绿色农房。

（十九）加快优化建筑用能结构。深化可再生能源建筑应用，加快推动建筑用能电气化和低碳化。开展建筑屋顶光伏行动，大幅提高建筑采暖、生活热水、炊事等电气化普及率。在北方城镇加快推进热电联产集中供暖，加快工业余热供暖规模化发展，积极稳妥推进核电余热供暖，因地制宜推进热泵、燃气、生物质能、地热能等清洁低碳供暖。

八、加强绿色低碳重大科技攻关和推广应用

（二十）强化基础研究和前沿技术布局。制定科技支撑碳达峰、碳中和行动方案，编制碳中和技术发展路线图。采用"揭榜挂帅"机制，开展低碳零碳负碳和储能新材料、新技术、新装备攻关。加强气候变化成因及影响、生态系统碳汇等基础理论和方法研究。推进高效率太阳能电池、可再生能源制氢、可控核聚变、零碳工业流程再造等低碳前沿技术攻关。培育一批节能降碳和新能源技术产品研发国家重点实验室、国家技术创新中心、重大科技创新平台。建设碳达峰、碳中和人才体系，鼓励高等学校增设碳达峰、碳中和相关学科专业。

（二十一）加快先进适用技术研发和推广。深入研究支撑风电、太阳能发电大规模友好并网的智能电网技术。加强电化学、压缩空气等新型储能技术攻关、示范和产业化应用。加强氢能生产、储存、应用关键技术研发、示范和规模化应用。推广园区能源梯级利用等节能低碳技术。推动气凝胶等新型材料研发应用。推进规模化碳捕集利用与封存技术研发、示范和产业化应用。建立完善绿色低碳技术评估、交易体系和科技创新服务平台。

九、持续巩固提升碳汇能力

（二十二）巩固生态系统碳汇能力。强化国土空间规划和用途管控，严守生态保护红线，严控生态空间占用，稳定现有森林、草原、湿地、海洋、土壤、冻土、岩溶等固碳作用。严格控制新增建设用地规模，推动城乡存量建设用地盘活利用。严格执行土地使用标准，加强节约集约用地评价，推广节地技术和节地模式。

（二十三）提升生态系统碳汇增量。实施生态保护修复重大工程，开展山水林田湖草沙一体化保护和修复。深入推进大规模国土绿化行动，巩固退耕还林还草成果，实施森林质量精准提升工程，持续增加森林面积和蓄积量。加强草原生态保护修复。强化湿地保护。整体推进海洋生态系统保护和修复，提升红树林、海草床、盐沼等固碳能力。开展耕地质量提升行动，实施国家黑土地保护工程，提升生态农业碳汇。积极推动岩溶碳汇开发利用。

十、提高对外开放绿色低碳发展水平

（二十四）加快建立绿色贸易体系。持续优化贸易结构，大力发展高质量、高技术、高附加值绿色产品贸易。完善出口政策，严格管理高耗能高排放产品出口。积极扩大绿色低碳产品、节能环保服务、环境服务等进口。

（二十五）推进绿色"一带一路"建设。加快"一带一路"投资合作绿色转型。支持共建"一带一路"国家开展清洁能源开发利用。大力推动南南合作，帮助发展中国家提高应对气候变化能力。深化与各国在绿色技术、绿色装备、绿色服务、绿色基础设施建设等方面的交流与合作，积极推动我国新能源等绿色低碳技术和产品走出去，让绿色成为共建"一带一路"的底色。

（二十六）加强国际交流与合作。积极参与应对气候变化国际谈判，坚持我国发展中国家定位，坚持共同但有区别的责任原则、公平原则和各自能力原则，维护我国发展权益。履行《联合国气候变化框架公约》及其《巴黎协定》，发布我国长期温室气体低排放发展战略，积极参与国际规则和标准制定，推动建立公平合理、合作共赢的全球气候治理体系。加强应对气候变化国际交流合作，统筹国内外工作，主动参与全球气候和环境治理。

十一、健全法律法规标准和统计监测体系

（二十七）健全法律法规。全面清理现行法律法规中与碳达峰、碳中和工作不相适应的内容，加强法律法规间的衔接协调。研究制定碳中和专项法律，抓紧修订节约能源法、电力法、煤炭法、可再生能源法、循环经济促进法

等，增强相关法律法规的针对性和有效性。

（二十八）完善标准计量体系。建立健全碳达峰、碳中和标准计量体系。加快节能标准更新升级，抓紧修订一批能耗限额、产品设备能效强制性国家标准和工程建设标准，提升重点产品能耗限额要求，扩大能耗限额标准覆盖范围，完善能源核算、检测认证、评估、审计等配套标准。加快完善地区、行业、企业、产品等碳排放核查核算报告标准，建立统一规范的碳核算体系。制定重点行业和产品温室气体排放标准，完善低碳产品标准标识制度。积极参与相关国际标准制定，加强标准国际衔接。

（二十九）提升统计监测能力。健全电力、钢铁、建筑等行业领域能耗统计监测和计量体系，加强重点用能单位能耗在线监测系统建设。加强二氧化碳排放统计核算能力建设，提升信息化实测水平。依托和拓展自然资源调查监测体系，建立生态系统碳汇监测核算体系，开展森林、草原、湿地、海洋、土壤、冻土、岩溶等碳汇本底调查和碳储量评估，实施生态保护修复碳汇成效监测评估。

十二、完善政策机制

（三十）完善投资政策。充分发挥政府投资引导作用，构建与碳达峰、碳中和相适应的投融资体系，严控煤电、钢铁、电解铝、水泥、石化等高碳项目投资，加大对节能环保、新能源、低碳交通运输装备和组织方式、碳捕集利用与封存等项目的支持力度。完善支持社会资本参与政策，激发市场主体绿色低碳投资活力。国有企业要加大绿色低碳投资，积极开展低碳零碳负碳技术研发应用。

（三十一）积极发展绿色金融。有序推进绿色低碳金融产品和服务开发，设立碳减排货币政策工具，将绿色信贷纳入宏观审慎评估框架，引导银行等金融机构为绿色低碳项目提供长期限、低成本资金。鼓励开发性政策性金融机构按照市场化法治化原则为实现碳达峰、碳中和提供长期稳定融资支持。支持符合条件的企业上市融资和再融资用于绿色低碳项目建设运营，扩大绿色债券规模。研究设立国家低碳转型基金。鼓励社会资本设立绿色低碳产业投资基金。建立健全绿色金融标准体系。

（三十二）完善财税价格政策。各级财政要加大对绿色低碳产业发展、技术研发等的支持力度。完善政府绿色采购标准，加大绿色低碳产品采购力度。落实环境保护、节能节水、新能源和清洁能源车船税收优惠。研究碳减排相关税收政策。建立健全促进可再生能源规模化发展的价格机制。完善差别化电价、分时电价和居民阶梯电价政策。严禁对高耗能、高排放、资源型行业实施电价优惠。加快推进供热计量改革和按供热量收费。加快形成具有合理约束力的碳价机制。

（三十三）推进市场化机制建设。依托公共资源交易平台，加快建设完善全国碳排放权交易市场，逐步扩大市场覆盖范围，丰富交易品种和交易方式，完善配额分配管理。将碳汇交易纳入全国碳排放权交易市场，建立健全能够体现碳汇价值的生态保护补偿机制。健全企业、金融机构等碳排放报告和信息披露制度。完善用能权有偿使用和交易制度，加快建设全国用能权交易市场。加强电力交易、用能权交易和碳排放权交易的统筹衔接。发展市场化节能方式，推行合同能源管理，推广节能综合服务。

十三、切实加强组织实施

（三十四）加强组织领导。加强党中央对碳达峰、碳中和工作的集中统一领导，碳达峰碳中和工作领导小组指导和统筹做好碳达峰、碳中和工作。支持有条件的地方和重点行业、重点企业率先实现碳达峰，组织开展碳达峰、碳中和先行示范，探索有效模式和有益经验。将碳达峰、碳中和作为干部教育培训体系重要内容，增强各级领导干部推动绿色低碳发展的本领。

（三十五）强化统筹协调。国家发展改革委要加强统筹，组织落实2030年前碳达峰行动方案，加强碳中和工作谋划，定期调度各地区各有关部门落实碳达峰、碳中和目标任务进展情况，加强跟踪评估和督促检查，协调解决实施中遇到的重大问题。各有关部门要加强协调配合，形成工作合力，确保政策取向一致、步骤力度衔接。

（三十六）压实地方责任。落实领导干部生态文明建设责任制，地方各级党委和政府要坚决扛起碳达峰、碳中和责任，明确目标任务，制定落实举措，自觉为实现碳达峰、碳中和作出贡献。

（三十七）严格监督考核。各地区要将碳达峰、碳中和相关指标纳入经济社会发展综合评价体系，增加考核权重，加强指标约束。强化碳达峰、碳中和目标任务落实情况考核，对工作突出的地区、单位和个人按规定给予表彰奖励，对未完成目标任务的地区、部门依规依法实行通报批评和约谈问责，有关落实情况纳入中央生态环境保护督察。各地区各有关部门贯彻落实情况每年向党中央、国务院报告。

减污降碳协同增效实施方案

为深入贯彻落实党中央、国务院关于碳达峰碳中和决策部署，落实新发展阶段生态文明建设有关要求，协同推进减污降碳，实现一体谋划、一体部署、一体推进、一体考核，制定本实施方案。

一、面临形势

党的十八大以来，我国生态文明建设和生态环境保护取得历史性成就，生态环境质量持续改善，碳排放强度显著降低。但也要看到，我国发展不平衡、不充分问题依然突出，生态环境保护形势依然严峻，结构性、根源性、趋势性压力总体上尚未根本缓解，实现美丽中国建设和碳达峰碳中和目标愿景任重道远。与发达国家基本解决环境污染问题后转入强化碳排放控制阶段不同，当前我国生态文明建设同时面临实现生态环境根本好转和碳达峰碳中和两大战略任务，生态环境多目标治理要求进一步凸显，协同推进减污降碳已成为我国新发展阶段经济社会发展全面绿色转型的必然选择。

　　面对生态文明建设新形势新任务新要求，基于环境污染物和碳排放高度同根同源的特征，必须立足实际，遵循减污降碳内在规律，强化源头治理、系统治理、综合治理，切实发挥好降碳行动对生态环境质量改善的源头牵引作用，充分利用现有生态环境制度体系协同促进低碳发展，创新政策措施，优化治理路线，推动减污降碳协同增效。

二、总体要求

　　（一）指导思想。

　　以习近平新时代中国特色社会主义思想为指导，全面贯彻党的十九大和十九届历次全会精神，按照党中央、国务院决策部署，深入贯彻习近平生态文明思想，坚持稳中求进工作总基调，立足新发展阶段，完整、准确、全面贯彻新发展理念，构建新发展格局，推动高质量发展，把实现减污降碳协同增效作为促进经济社会发展全面绿色转型的总抓手，锚定美丽中国建设和碳达峰碳中和目标，科学把握污染防治和气候治理的整体性，以结构调整、布局优化为关键，以优化治理路径为重点，以政策协同、机制创新为手段，完善法规标准，强化科技支撑，全面提高环境治理综合效能，实现环境效益、气候效益、经济效益多赢。

（二）工作原则。

突出协同增效。坚持系统观念，统筹碳达峰碳中和与生态环境保护相关工作，强化目标协同、区域协同、领域协同、任务协同、政策协同、监管协同，增强生态环境政策与能源产业政策协同性，以碳达峰行动进一步深化环境治理，以环境治理助推高质量达峰。

强化源头防控。紧盯环境污染物和碳排放主要源头，突出主要领域、重点行业和关键环节，强化资源能源节约和高效利用，加快形成有利于减污降碳的产业结构、生产方式和生活方式。

优化技术路径。统筹水、气、土、固体废物、温室气体等领域减排要求，优化治理目标、治理工艺和技术路线，优先采用基于自然的解决方案，加强技术研发应用，强化多污染物与温室气体协同控制，增强污染防治与碳排放治理的协调性。

注重机制创新。充分利用现有法律、法规、标准、政策体系和统计、监测、监管能力，完善管理制度、基础能力和市场机制，一体推进减污降碳，形成有效激励约束，有力支撑减污降碳目标任务落地实施。

鼓励先行先试。发挥基层积极性和创造力，创新管理方式，形成各具特色的典型做法和有效模式，加强推广应用，实现多层面、多领域减污降碳协同增效。

（三）主要目标。

到2025年，减污降碳协同推进的工作格局基本形成；重点区域、重点领域结构优化调整和绿色低碳发展取得明显成效；形成一批可复制、可推广的典型经验；减污降碳协同度有效提升。

到2030年，减污降碳协同能力显著提升，助力实现碳达峰目标；大气污染防治重点区域碳达峰与空气质量改善协同推进取得显著成效；水、土壤、固体废物等污染防治领域协同治理水平显著提高。

三、加强源头防控

（四）强化生态环境分区管控。构建城市化地区、农产品主产区、重点生态功能区分类指导的减污降碳政策体系。衔接国土空间规划分区和用途管制要求，将碳达峰碳中和要求纳入"三线一单"（生态保护红线、环境质量底线、资源利用上线和生态环境准入清单）分区管控体系。增强区域环境质量改善目标对能源和产业布局的引导作用，研究建立以区域环境质量改善和碳达峰目标为导向的产业准入及退出清单制度。加大污染严重地区结构调整和布局优化力度，加快推动重点区域、重点流域落后和过剩产能退出。依法加快城市建成区重污染企业搬迁改造或关闭退出。（生态环境部、国家发展改革委、工业和信息化

部、自然资源部、水利部按职责分工负责）

（五）加强生态环境准入管理。坚决遏制高耗能、高排放、低水平项目盲目发展，高耗能、高排放项目审批要严格落实国家产业规划、产业政策、"三线一单"、环评审批、取水许可审批、节能审查以及污染物区域削减替代等要求，采取先进适用的工艺技术和装备，提升高耗能项目能耗准入标准，能耗、物耗、水耗要达到清洁生产先进水平。持续加强产业集群环境治理，明确产业布局和发展方向，高起点设定项目准入类别，引导产业向"专精特新"转型。在产业结构调整指导目录中考虑减污降碳协同增效要求，优化鼓励类、限制类、淘汰类相关项目类别。优化生态环境影响相关评价方法和准入要求，推动在沙漠、戈壁、荒漠地区加快规划建设大型风电光伏基地项目。大气污染防治重点区域严禁新增钢铁、焦化、炼油、电解铝、水泥、平板玻璃（不含光伏玻璃）等产能。（生态环境部、国家发展改革委、工业和信息化部、水利部、市场监管总局、国家能源局按职责分工负责）

（六）推动能源绿色低碳转型。统筹能源安全和绿色低碳发展，推动能源供给体系清洁化低碳化和终端能源消费电气化。实施可再生能源替代行动，大力发展风能、太阳能、生物质能、海洋能、地热能等，因地制宜开发水电，开展小水电绿色改造，在严监管、确保绝对安全前提下有序发展核电，不断提高非化石能源消费比重。严控煤电项目，"十四五"时期严格合理控制煤炭消费增长、"十五五"时期逐步减少。重点削减散煤等非电用煤，严禁在国家政策允许的领域以外新（扩）建燃煤自备电厂。持续推进北方地区冬季清洁取暖。新改扩建工业炉窑采用清洁低碳能源，优化天然气使用方式，优先保障居民用气，有序推进工业燃煤和农业用煤天然气替代。（国家发展改革委、国家能源局、工业和信息化部、自然资源部、生态环境部、住房城乡建设部、农业农村部、水利部、市场监管总局按职责分工负责）

（七）加快形成绿色生活方式。倡导简约适度、绿色低碳、文明健康的生活方式，从源头上减少污染物和碳排放。扩大绿色低碳产品供给和消费，加快推进构建统一的绿色产品认证与标识体系，完善绿色产品推广机制。开展绿色社区等建设，深入开展全社会反对浪费行动。推广绿色包装，推动包装印刷减量化，减少印刷面积和颜色种类。引导公众优先选择公共交通、自行车和步行等绿色低碳出行方式。发挥公共机构特别是党政机关节能减排引领示范作用。探索建立"碳普惠"等公众参与机制。（国家发展改革委、生态环境部、工业和信息化部、财政部、住房城乡建设部、交通运输部、商务部、市场监管总局、国管局按职责分工负责）

四、突出重点领域

（八）推进工业领域协同增效。实施绿色制造工程，推广绿色设计，探索产品设计、生产工艺、产品分销以及回收处置利用全产业链绿色化，加快工业领域源头减排、过程控制、末端治理、综合利用全流程绿色发展。推进工业节能和能效水平提升。依法实施"双超双有高耗能"企业强制性清洁生产审核，开展重点行业清洁生产改造，推动一批重点企业达到国际领先水平。研究建立大气环境容量约束下的钢铁、焦化等行业去产能长效机制，逐步减少独立烧结、热轧企业数量。大力支持电炉短流程工艺发展，水泥行业加快原燃料替代，石化行业加快推动减油增化，铝行业提高再生铝比例，推广高效低碳技术，加快再生有色金属产业发展。2025年和2030年，全国短流程炼钢占比分别提升至15%、20%以上。2025年再生铝产量达到1150万吨，2030年电解铝使用可再生能源比例提高至30%以上。推动冶炼副产能源资源与建材、石化、化工行业深度耦合发展。鼓励重点行业企业探索采用多污染物和温室气体协同控制技术工艺，开展协同创新。推动碳捕集、利用与封存技术在工业领域应用。（工业和信息化部、国家发展改革委、生态环境部、国家能源局按职责分工负责）

（九）推进交通运输协同增效。加快推进"公转铁""公转水"，提高铁路、水运在综合运输中的承运比例。发展城市绿色配送体系，加强城市慢行交通系统建设。加快新能源车发展，逐步推动公共领域用车电动化，有序推动老旧车辆替换为新能源车辆和非道路移动机械使用新能源清洁能源动力，探索开展中重型电动、燃料电池货车示范应用和商业化运营。到2030年，大气污染防治重点区域新能源汽车新车销售量达到汽车新车销售量的50%左右。加快淘汰老旧船舶，推动新能源、清洁能源动力船舶应用，加快港口供电设施建设，推动船舶靠港使用岸电。（交通运输部、国家发展改革委、工业和信息化部、生态环境部、住房城乡建设部、中国国家铁路集团有限公司按职责分工负责）

（十）推进城乡建设协同增效。优化城镇布局，合理控制城镇建筑总规模，加强建筑拆建管理，多措并举提高绿色建筑比例，推动超低能耗建筑、近零碳建筑规模化发展。稳步发展装配式建筑，推广使用绿色建材。推动北方地区建筑节能绿色改造与清洁取暖同步实施，优先支持大气污染防治重点区域利用太阳能、地热、生物质能等可再生能源满足建筑供热、制冷及生活热水等用能需求。鼓励在城镇老旧小区改造、农村危房改造、农房抗震改造等过程中同步实施建筑绿色化改造。鼓励小规模、渐进式更新和微改造，推进建筑废弃物再生利用。合理控制城市照明能耗。大力发展光伏建筑一体化应用，开展光储直柔一体化试点。在农村人居环境整治提升中统筹考虑减污降碳要求。（住房城乡建设部、自然资源部、生态环境部、农业农村部、国家能源局、国家乡村振兴局等按职责分工负责）

（十一）推进农业领域协同增效。推行农业绿色生产方式，协同推进种植业、畜牧业、渔业节能减排与污染治理。深入实施化肥农药减量增效行动，加强种植业面源污染防治，优化稻田水分灌溉管理，推广优良品种和绿色高效栽培技术，提高氮肥利用效率，到2025年，三大粮食作物化肥、农药利用率均提高到43%。提升秸秆综合利用水平，强化秸秆焚烧管控。提高畜禽粪污资源化利用水平，适度发展稻渔综合种养、渔光一体、鱼菜共生等多层次综合水产养殖模式，推进渔船渔机节能减排。加快老旧农机报废更新力度，推广先进适用的低碳节能农机装备。在农业领域大力推广生物质能、太阳能等绿色用能模式，加快农村取暖炊事、农业及农产品加工设施等可再生能源替代。（农业农村部、生态环境部、国家能源局按职责分工负责）

（十二）推进生态建设协同增效。坚持因地制宜，宜林则林，宜草则草，科学开展大规模国土绿化行动，持续增加森林面积和蓄积量。强化生态保护监管，完善自然保护地、生态保护红线监管制度，落实不同生态功能区分级分区保护、修复、监管要求，强化河湖生态流量管理。加强土地利用变化管理和森林可持续经营。全面加强天然林保护修复。实施生物多样性保护重大工程。科学推进荒漠化、石漠化、水土流失综合治理，科学实施重点区域生态保护和修复综合治理项目，建设生态清洁小流域。坚持以自然恢复为主，推行森林、草原、河流、湖泊、湿地休养生息，加强海洋生态系统保护，改善水生态环境，提升生态系统质量和稳定性。加强城市生态建设，完善城市绿色生态网络，科学规划、合理布局城市生态廊道和生态缓冲带。优化城市绿化树种，降低花粉污染和自然源挥发性有机物排放，优先选择乡土树种。提升城市水体自然岸线保有率。开展生态改善、环境扩容、碳汇提升等方面效果综合评估，不断提升生态系统碳汇与净化功能。（国家林草局、国家发展改革委、自然资源部、生态环境部、住房城乡建设部、水利部按职责分工负责）

五、优化环境治理

（十三）推进大气污染防治协同控制。优化治理技术路线，加大氮氧化物、挥发性有机物（VOCs）以及温室气体协同减排力度。一体推进重点行业大气污染深度治理与节能降碳行动，推动钢铁、水泥、焦化行业及锅炉超低排放改造，探索开展大气污染物与温室气体排放协同控制改造提升工程试点。VOCs等大气污染物治理优先采用源头替代措施。推进大气污染治理设备节能降耗，提高设备自动化智能化运行水平。加强消耗臭氧层物质和氢氟碳化物管理，加快使用含氢氯氟烃生产线改造，逐步淘汰氢氯氟烃使用。推进移动源大气污染物排放和碳排放协同治理。（生态环境部、国家发展改革委、工业和信息化部、交通运输部、国家能源局按职责分工负责）

（十四）推进水环境治理协同控制。大力推进污水资源化利用。提高工业用水效率，推进产业园区用水系统集成优化，实现串联用水、分质用水、一水多用、梯级利用和再生利用。构建区域再生水循环利用体系，因地制宜建设人工湿地水质净化工程及再生水调蓄设施。探索推广污水社区化分类处理和就地回用。建设资源能源标杆再生水厂。推进污水处理厂节能降耗，优化工艺流程，提高处理效率；鼓励污水处理厂采用高效水力输送、混合搅拌和鼓风曝气装置等高效低能耗设备；推广污水处理厂污泥沼气热电联产及水源热泵等热能利用技术；提高污泥处置和综合利用水平；在污水处理厂推广建设太阳能发电设施。开展城镇污水处理和资源化利用碳排放测算，优化污水处理设施能耗和碳排放管理。以资源化、生态化和可持续化为导向，因地制宜推进农村生活污水集中或分散式治理及就近回用。（生态环境部、国家发展改革委、工业和信息化部、住房城乡建设部、农业农村部按职责分工负责）

（十五）推进土壤污染治理协同控制。合理规划污染地块土地用途，鼓励农药、化工等行业中重度污染地块优先规划用于拓展生态空间，降低修复能耗。鼓励绿色低碳修复，优化土壤污染风险管控和修复技术路线，注重节能降耗。推动严格管控类受污染耕地植树造林增汇，研究利用废弃矿山、采煤沉陷区受损土地、已封场垃圾填埋场、污染地块等因地制宜规划建设光伏发电、风力发电等新能源项目。（生态环境部、国家发展改革委、自然资源部、住房城乡建设部、国家能源局、国家林草局按职责分工负责）

（十六）推进固体废物污染防治协同控制。强化资源回收和综合利用，加强"无废城市"建设。推动煤矸石、粉煤灰、尾矿、冶炼渣等工业固体废物资源利用或替代建材生产原料，到2025年，新增大宗固体废物综合利用率达到60%，存量大宗固体废物有序减少。推进退役动力电池、光伏组件、风电机组叶片等新型废弃物回收利用。加强生活垃圾减量化、资源化和无害化处理，大力推进垃圾分类，优化生活垃圾处理处置方式，加强可回收物和厨余垃圾资源化利用，持续推进生活垃圾焚烧处理能力建设。减少有机垃圾填埋，加强生活垃圾填埋场垃圾渗滤液、恶臭和温室气体协同控制，推动垃圾填埋场填埋气收集和利用设施建设。因地制宜稳步推进生物质能多元化开发利用。禁止持久性有机污染物和添汞产品的非法生产，从源头减少含有毒有害化学物质的固体废物产生。（生态环境部、国家发展改革委、工业和信息化部、住房城乡建设部、商务

部、市场监管总局、国家能源局按职责分工负责）

六、开展模式创新

（十七）开展区域减污降碳协同创新。基于深入打好污染防治攻坚战和碳达峰目标要求，在国家重大战略区域、大气污染防治重点区域、重点海湾、重点城市群，加快探索减污降碳协同增效的有效模式，优化区域产业结构、能源结构、交通运输结构，培育绿色低碳生活方式，加强技术创新和体制机制创新，助力实现区域绿色低碳发展目标。（生态环境部、国家发展改革委等按职责分工负责）

（十八）开展城市减污降碳协同创新。统筹污染治理、生态保护以及温室气体减排要求，在国家环境保护模范城市、"无废城市"建设中强化减污降碳协同增效要求，探索不同类型城市减污降碳推进机制，在城市建设、生产生活各领域加强减污降碳协同增效，加快实现城市绿色低碳发展。（生态环境部、国家发展改革委、住房城乡建设部等按职责分工负责）

（十九）开展产业园区减污降碳协同创新。鼓励各类产业园区根据自身主导产业和污染物、碳排放水平，积极探索推进减污降碳协同增效，优化园区空间布局，大力推广使用新能源，促进园区能源系统优化和梯级利用、水资源集约节约高效循环利用、废物综合利用，升级改造污水处理设施和垃圾焚烧设施，提升基础设施绿色低碳发展水平。（生态环境部、国家发展改革委、科技部、工业和信息化部、住房城乡建设部、水利部、商务部等按职责分工负责）

（二十）开展企业减污降碳协同创新。通过政策激励、提升标准、鼓励先进等手段，推动重点行业企业开展减污降碳试点工作。鼓励企业采取工艺改进、能源替代、节能提效、综合治理等措施，实现生产过程中大气、水和固体废物等多种污染物以及温室气体大幅减排，显著提升环境治理绩效，实现污染物和碳排放均达到行业先进水平，"十四五"期间力争推动一批企业开展减污降碳协同创新行动；支持企业进一步探索深度减污降碳路径，打造"双近零"排放标杆企业。（生态环境部负责）

七、强化支撑保障

（二十一）加强协同技术研发应用。加强减污降碳协同增效基础科学和机理研究，在大气污染防治、碳达峰碳中和等国家重点研发项目中设置研究任务，建设一批相关重点实验室，部署实施一批重点创新项目。加强氢能冶金、二氧化碳合成化学品、新型电力系统关键技术等研发，推动炼化系统能量优化、低温室效应制冷剂替代、碳捕集与利用等技术试点应用，推广光储直柔、可再生能源与建筑一体化、智慧交通、交通能源融合技术。开展烟气超低排放与碳减排协同技术创新，研发多污染物系统治理、VOCs源头替代、低温脱硝等技术和装备。充分利用国家生态环境科技成果转化综合服务平台，实施百城千县万名专家生态环境科技帮扶行动，提升减污降碳科技成果转化力度和效率。加快重点领域绿色低碳共性技术示范、制造、系统集成和产业化。开展水土保持措施碳汇效应研究。加强科技创新能力建设，推动重点方向学科交叉研究，形成减污降碳领域国家战略科技力量。（科技部、国家发展改革委、生态环境部、住房城乡建设部、交通运输部、水利部、国家能源局按职责分工负责）

（二十二）完善减污降碳法规标准。制定实施《碳排放权交易管理暂行条例》。推动将协同控制温室气体排放纳入生态环境相关法律法规。完善生态环境标准体系，制修订相关排放标准，强化非二氧化碳温室气体管控，研究制订重点行业温室气体排放标准，制定污染物与温室气体排放协同控制可行技术指南、监测技术指南。完善汽车等移动源排放标准，推动污染物与温室气体排放协同控制。（生态环境部、司法部、工业和信息化部、交通运输部、市场监管总局按职责分工负责）

（二十三）加强减污降碳协同管理。研究探索统筹排污许可和碳排放管理，衔接减污降碳管理要求。加快全国碳排放权交易市场建设，严厉打击碳排放数据造假行为，强化日常监管，建立长效机制，严格落实履约制度，优化配额分配方法。开展相关计量技术研究，建立健全计量测试服务体系。开展重点城市、产业园区、重点企业减污降碳协同度评价研究，引导各地区优化协同管理机制。推动污染物和碳排放量大的企业开展环境信息依法披露。（生态环境部、国家发展改革委、工业和信息化部、市场监管总局、国家能源局按职责分工负责）

（二十四）强化减污降碳经济政策。加大对绿色低碳投资项目和协同技术应用的财政政策支持，财政部门要做好减污降碳相关经费保障。大力发展绿色金融，用好碳减排货币政策工具，引导金融机构和社会资本加大对减污降碳的支持力度。扎实推进气候投融资，建设国家气候投融资项目库，开展气候投融资试点。建立有助于企业绿色低碳发展的绿色电价政策。将清洁取暖财政政策支持范围扩大到整个北方地区，有序推进散煤替代和既有建筑节能改造工作。加强清洁生产审核和评价认证结果应用，将其作为阶梯电价、用水定额、重污染天气绩效分级管控等差异化政策制定和实施的重要依据。推动绿色电力交易试点。（财政部、国家发展改革委、生态环境部、住房城乡建设部、交通运输部、人民银行、银保监会、证监会按职责分工负责）

（二十五）提升减污降碳基础能力。拓展完善天地一体监测网络，提升减污降碳协同监测能力。健全排放源统计调查、核算核查、监管制度，按履约要求编制国家温室气体排放清单，建立温室气体排放因子库。研究建立固定源污染物与碳排放核查协同管理制度，实行一体化监管执法。依托移动源环保信息公开、达标监管、检测与维修等制度，探索实施移动源碳排放核查、核算与报告制度。（生态环境部、国家发展改革委、国家统计局按职责分工负责）

八、加强组织实施

（二十六）加强组织领导。各地区各有关部门要认真贯彻落实党中央、国务院决策部署，充分认识减污降碳协同增效工作的重要性、紧迫性，坚决扛起责任，抓好贯彻落实。各有关部门要加强协调配合，各司其职，各负其责，形成合力，系统推进相关工作。各地区生态环境部门要结合实际，制定实施方案，明确时间目标，细化工作任务，确保各项重点举措落地见效。（各相关部门、地方按职责分工负责）

（二十七）加强宣传教育。将绿色低碳发展纳入国民教育体系。加强干部队伍能力建设，组织开展减污降碳协同增效业务培训，提升相关部门、地方政府、企业管理人员能力水平。加强宣传引导，选树减污降碳先进典型，发挥榜样示范和价值引领作用，利用六五环境日、全国低碳日、全国节能宣传周等广泛开展宣传教育活动。开展生态环境保护和应对气候变化科普活动。加大信息公开力度，完善公众监督和举报反馈机制，提高环境决策公众参与水平。（生态环境部、国家发展改革委、教育部、科技部按职责分工负责）

（二十八）加强国际合作。积极参与全球气候和环境治理，广泛开展应对气候变化、保护生物多样性、海洋环境治理等生态环保国际合作，与共建"一带一路"国家开展绿色发展政策沟通，加强减污降碳政策、标准联通，在绿色低碳技术研发应用、绿色基础设施建设、绿色金融、气候投融资等领域开展务实合作。加强减污降碳国际经验交流，为实现2030年全球可持续发展目标贡献中国智慧、中国方案。（生态环境部、国家发展改革委、科技部、财政部、住房城乡建设部、人民银行、市场监管总局、中国气象局、证监会、国家林草局等按职责分工负责）

（二十九）加强考核督察。统筹减污降碳工作要求，将温室气体排放控制目标完成情况纳入生态环境相关考核，逐步形成体现减污降碳协同增效要求的生态环境考核体系。（生态环境部牵头负责）

城市和产业园区减污降碳协同创新试点工作方案

一、试点意义

习近平总书记多次强调，要把实现减污降碳协同增效作为促进经济社会发展全面绿色转型的总抓手。党的二十大报告提出，协同推进降碳、减污、扩绿、增长，推进生态优先、节约集约、绿色低碳发展。开展城市和产业园区减污降碳协同创新试点，进一步明确协同目标、探索协同路径、创新协同管理、引领协同技术，有利于加快探索减污降碳协同治理路径和有效模式，加快形成效果好、可复制推广的实践案例，推动重点区域、重点领域结构优化调整和环境质量改善，助力发展方式绿色转型和高质量发展。

二、总体要求

（一）基本原则

坚持强化协同、引领创新。立足污染物和温室气体排放高度同根同源特征，突出目标协同、任务协同、政策协同、监管协同，优化治理目标、治理工艺和技术路线，创新污染物和温室气体排放协同控制模式，探索减污降碳协同管理长效机制，形成有效激励约束，推动提升污染防治与温室气体排放控制的协同性。

坚持分级分类、因地制宜。城市重点从能源、工业、交通运输、建筑、生态建设与环境治理等领域开展减污降碳协同创新试点，产业园区重点从石化、化工、钢铁、建材、有色金属冶炼、纺织、印染、造纸、电镀等行业开展减污降碳协同创新试点，积极探索新模式、出台新政策、推广新技术、构建新机制，充分体现城市和产业园区减污降碳协同创新的特色优势。

坚持上下联动、全程管理。注重发挥自上而下和自下而上两个积极性。采取经研究论证后试点任务清单分批交办的方式把试点城市和产业园区作为全过程管理的"试验田"。试点城市和产业园区既要落实共性任务又要开展自选任务，加快形成可复制推广的经验做法和典型案例。

（二）主要目标

原则上以3年为一个试点周期，创建一批不同类型的减污降碳协同创新试点城市和试点园区，实现污染物和碳排放强度同步显著下降，减污降碳协同推进工作格局基本形成，城市和产业园区绿色低碳发展取得明显成效，减污降碳协同度得到有效提升。

三、试点任务

减污降碳协同创新，就是要充分考虑污染物和温室气体排放的同源性和异质性，通过对环境污染防治与温室气体排放控制的实施路径、技术措施、政策机制、管理体系等优化创新，以较低成本、更高效率开展协同控制，实现环境效益、气候效益、经济效益共赢。在创新试点实施过程中，以减污为牵引强化重点区域、行业和领域降碳措施，以降碳为引领解决环境污染根源性和结构性问题，以结构调整、布局优化为关键，以优化治理路径为重点，以政策协同、机制创新为手段，打造能源清洁化、产业绿色化、排放减量化、资源循环化的协同创新模式，全面提高环境治理综合效能，整体推动经济社会发展绿色转型。

（一）城市试点任务

——创新减污降碳协同政策体系。充分利用生态环境法规标准、环境影响评价、生态环境分区管控、排污许可、财税激励及投融资等相关政策工具，推进污染物和温室气体协同控制，形成一体设计和推进的政策机制。结合城市发展定位，探索建立适宜自身特点的减污降碳协同评价方法体系，促进减污降碳协同度有效提升。

——创新减污降碳协同减排路径。编制城市污染物和温室气体排放融合清单，识别本地减污降碳协同推进的重点行业、重点领域，强化源头治理、系统治理、综合治理，加快推进结构优化、能源替代、布局调整、技术升级。推动重点企业开展减污降碳协同治理工艺技术创新，打造协同增效标杆项目。

——创新减污降碳协同管理机制。探索建立减污降碳一体谋划、一体推进、一体落实、一体考核的工作机制，形成部门分工合作、协调联动的工作格局。实施城市空气质量达标和碳排放达峰"双达"管理。探索建立减污降碳协同管控标准体系、污染物和碳排放预算管理模式。充分利用信息化手段，探索建立减污降碳协同数字化管理平台。

——开展重点领域协同试点。城市结合自身实际，选择若干领域进行自选试点。在能源领域，推动煤炭清洁高效利用，发展可再生能源，促进能源供给体系清洁化低碳化和终端能源消费电气化；在工业领域，加强源头减排、过程控制、末端治理、综合利用，促进全流程绿色发展；在交通运输领域，构建环境友好的基础设施、清洁低碳的运输装备、集约高效的运输组织，促进绿色低碳交通运输体系建设；在城乡建设领域，发展绿色低碳建筑，推动城乡绿色规划建设管理，促进城乡建设方式绿色低碳转型；在生态建设领域，加强生态改善、环境扩容、碳汇提升建设，促进城市扩绿增容；在环境治理领域，持续深入打好蓝天、碧水、净土保卫战，推动大气、水、土壤、固体废物等污染物和温室气体协同治理。

——统筹各类城市试点工作。在美丽城市、"无废城市"、低碳城市、再生水循环利用试点城市、气候投融资试点城市等试点示范工作中，更加突出减污降碳协同增效理念和行动，积极探索不同类型城市开展减污降碳协同创新试点，推动实现城市绿色低碳高质量发展。

（二）产业园区试点任务

——探索协同减排技术路径。识别污染物和温室气体排放协同控制的重点领域、重点环节、重点工艺，充分挖掘减排潜力，推进能量梯级利用，优化技术工艺和流程，构建能源系统梯级利用、生产过程优化控制、废物综合利用、基础设施绿色低碳改造和智慧管理的减排技术路径，形成一套创新性强、效益明显的减污降碳协同创新模式。

——探索协同创新管理体系。探索建立减污降碳协同推进的工作格局和运行机制。衔接产业园区规划环评、行业发展规划等要求，建立以减污降碳协同增效为导向的产业准入、退出清单制度和评价技术方法。加强排放源统计调查、核算核查、监测监管，构建符合产业园区特点的减污降碳协同创新评价技术体系。建立激励机制，强化金融政策支持。

——探索基础设施协同模式。打通物质流—信息流—能量流，构建园区产业共生耦合和资源循环利用模式。推进园区清洁能源、清洁运输等相关基础设施建设，加快发展绿色物流，推进现有基础设施绿色化改造。推进产业园区用水系统集成利用，实现串联用水、分质用水、一水多用、梯级利用和再生利用。推进固体废物资源化利用、危险废物精细化管理。

——开展重点行业协同试点。产业园区结合自身实际，选择若干行业进行自选试点。在石化、化工等行业，采取工艺升级、原料替代、技术改造等综合措施，强化污染物和温室气体排放协同治理；在钢铁、建材等行业，推动实施污染物超低排放改造过程中，强化能源替代、工艺升级、节能降耗、资源循环利用等综合性措施，实现污染物和碳排放双下降；在纺织、印染、造纸、电镀等行业，采取节能降耗、污水资源化利用等措施，提高行业减污降碳协同度。

——统筹各类园区试点创建。在生态工业园区、循环经济产业园区、低碳工业园区、"无废园区"以及绿色工业园区等建设中，更加突出减污降碳协同创新要求。开展重点行业企业减污降碳试点，鼓励企业采取工艺改进、能源替代、节能提效、综合治理等措施，推动污染物和温室气体排放均达到行业先进水平，打造一批行业标杆企业、标杆项目。

四、试点保障

（一）定期会商机制

生态环境部强化对试点城市和产业园区的指导，与省级生态环境部门建立联络机制，定期进行会商对接，共同研究试点工作中遇到的新情况，持续推动问题解决。

（二）任务交办机制

生态环境部会同有关方面研究制定试点任务清单，交办给有关试点城市和产业园区。试点城市和产业园区建立试点任务推进机制，有力有序有效推进试点工作。

（三）跟踪评估机制

生态环境部开展城市和产业园区试点工作年度综合评估和试点任务清单落实情况调度，及时总结工作进展及试点成果，深入查找短板和不足，并提出改进措施。

（四）技术帮扶机制

生态环境部组建专家技术团队对试点城市和产业园区开展技术帮扶，发挥减污降碳协同创新建设专家库及国家生态环境科技成果转化平台作用，提供专业咨询及科技支撑。

（五）总结推广机制

省级生态环境部门组织试点城市和产业园区，及时凝练总结和遴选报送减污降碳协同创新经验和改革举措。生态环境部通过工作简报、召开现场会等方式，进行交流推广，促进互学互鉴。

（六）成果宣传机制

通过生态环境部"两微"等平台，积极发布减污降碳协同创新试点典型案例，展示减污降碳协同创新试点进展和实践成果，发挥示范引导作用。